---- ちくま学芸文庫 ----

現代の初等幾何学

赤 攝也

筑摩書房

文庫化に際して

　『現代の初等幾何学』(日本評論社)がこのたび筑摩書房によって文庫化されることになった．著者にとって大変よろこばしいことである．

　本書は初等幾何への入門書であると同時に教科書でもある．これまでの幾何の本の多くは，率直にいえば問題集であって，数学書とは言えない．

　それに反し，本書は問題が解けるようになるまでを懇切に説明している．

　つまり，「ワイルの公理系」というものを出発点として，問題が解けるようになるまでの知識をくわしく説明している．読者はそれにより，問題を解く技術を，その理由とともに身につけることが出来るようになる．すなわち，本書は本格的な教科書なのである．十分活用していただきたい．

　ワイルの公理系を採用した経緯については本文最後の「§10．おわりに」にくわしく書いておいた．これは旧版では「はしがき」として冒頭にあったものなのだが，本文を読むのに必須のものではないので少々手を加えて最終章としたものである．本文とは独立に読めるものだから，随時読んでいただきたい．

最後に，本書の文庫化を決断し，貴重な意見を寄せ，出版に努力して下さった海老原勇氏に深い感謝の意を表する．

2018年7月20日（天変地異の夏）

赤　攝也

目次

文庫化に際して 3

§1. はじめに …………………………………………… 9

§2. ベクトルの公理群 ………………………………… 11

§3. 内積の公理群 ……………………………………… 21

§4. ユークリッド空間の公理群 ……………………… 31
 1°. ユークリッド空間の公理群 ……………………… 31
 2°. 直線 …………………………………………………… 33
 3°. 半直線 ………………………………………………… 40
 4°. 線分 …………………………………………………… 43
 5°. 線分の長さ …………………………………………… 50

§5. 次元の公理群 ……………………………………… 55
 1°. 次元の公理群 ………………………………………… 55
 2°. 垂直な直線 …………………………………………… 58
 3°. 半平面 ………………………………………………… 60
 4°. 角と余弦 ……………………………………………… 68
 5°. 三角形 ………………………………………………… 83

§6. 等長変換 …………………………………………… 95
 1°. 等長変換 ……………………………………………… 95
 2°. 等長変換の基本定理 ………………………………… 106

§7. 角の大きさについての公理群 …… 111
  1°. 角の大きさについての公理群 …… 111
  2°. 角の大きさの性質 …… 120

§8. 三角形 …… 125
  1°. 三角形の角と辺 …… 125
  2°. 合同定理 …… 137
  3°. 三角形の存在 …… 141

§9. 円 …… 145
  1°. 準備 …… 145
  2°. 円周角と中心角 …… 157

§10. おわりに …… 167

参考文献　180
文庫版付記　183
索引　187

現代の初等幾何学

§1. はじめに

周知のように，現代の数学では，公理系にあらわれる主要な用語には定義をあたえない．そのような用語を「無定義用語」という．われわれの無定義用語は次の7つである：

　　点，ベクトル，ベクトルの和，零ベクトル，
　　逆向きのベクトル，実数とベクトルとの積，
　　ベクトルの内積

われわれは，これらには定義をあたえないのであるから，今後は，「建て前」上は，これら7つの用語はまったく意味のないものであることに注意しなければならない．

ところで，われわれの公理系は

(1) ベクトルの公理群
(2) 内積の公理群
(3) ユークリッド空間の公理群
(4) 次元の公理群
(5) 角の大きさの公理群

の5つのグループに分けられる．

以下われわれは，これらを順次かかげ，それらからえられる主要な定理を紹介していくことにしよう．

さて，まずわれわれは 2 つの集合 $\boldsymbol{E}, \boldsymbol{V}$ を考え，$\boldsymbol{E}$ の要素を点，$\boldsymbol{V}$ の要素を**ベクトル**とよぶことにする．

また，われわれは，点を

$$A, B, \cdots\cdots \ ; \ P, Q, \cdots\cdots \ ; \ X, Y, \cdots\cdots$$

で，ベクトルを

$$\vec{a}, \vec{b}, \cdots\cdots \ ; \ \vec{x}, \vec{y}, \cdots\cdots$$

で表わす．さらに，数（実数）を表わすにはギリシア小文字

$$\alpha, \beta, \cdots\cdots \ ; \ \lambda, \mu, \cdots\cdots \ ; \ \xi, \eta, \cdots\cdots$$

を用いる．

なお，数のことを**スカラー**とよぶことがあることを付記しておく．

§2. ベクトルの公理群

本節では,上に(1)として掲げた「ベクトルの公理群」をとりあげよう.

はじめに,公理群の理解を容易にするための1つの方法を紹介しておく.

(ⅰ) ベクトルのイメージとして,われわれは,通常の直観的な平面の「平行移動」を利用することができる.

周知のように,平面上の平行移動 f は,点の集合である平面からそれ自身への全単射であるが,これは次の性質をもっている:

f によって,点 A, B, C がそれぞれ点 D, E, F に移ったとすれば,有向線分 AD, BE, CF はいずれも同じ向きと大きさとをもっている(図2.1).

ところで,点 A を点 D に移す平行移動は f だけであるから,f のことを

$$\overrightarrow{AD}$$

と表わすことにしてもよいであろう.

そうすれば,当然 f は,$\overrightarrow{BE}$ とも $\overrightarrow{CF}$ とも表わされるわけである.

(ⅱ) 2つの平行移動 f, g の合成 $g \circ f$ もまた1つの平

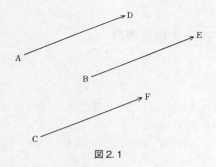

図 2.1

行移動である.そして,

$$f = \overrightarrow{AB}, \quad g = \overrightarrow{BC}$$

であれば,あきらかに

$$g \circ f = \overrightarrow{AC}$$

である.

もちろん,

$$f = \overrightarrow{DE}, \quad g = \overrightarrow{EF}$$

であれば,

$$g \circ f = \overrightarrow{DF}$$

であって,有向線分 AC と DF とは同じ向きと大きさとをもっている(図 2.2).

平行移動をベクトルのイメージとして利用する場合に

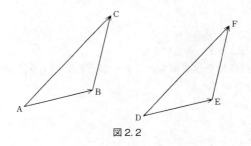

図2.2

は,$g \circ f$ のことを

$$f+g$$

と書くと都合がよい.そうすれば,もちろん

$$\overrightarrow{AB}+\overrightarrow{BC} = \overrightarrow{AC}$$

である.

(iii) 恒等写像もまた1つの平行移動であるが,これは

$$\overrightarrow{AA}, \ \overrightarrow{BB}, \ \cdots\cdots$$

のように表わすのがよいであろう.

なお,平行移動をベクトルのイメージとして利用する場合には,恒等写像は以下に述べる「零ベクトル」の役割を演ずる.

(iv) 平行移動の逆写像もまた平行移動である.$f=\overrightarrow{AB}$ ならば

$$f^{-1} = \overrightarrow{BA}$$

であることはいうまでもない.

平行移動をベクトルのイメージとして利用する場合には, f^{-1} のことを

$$-f$$

と書くと都合がよい. そうすれば, もちろん

$$\overrightarrow{BA} = -\overrightarrow{AB}$$

である.

（v） $f=\overrightarrow{AB}$, $g=\overrightarrow{AC}$ で, AB と AC とが同じ方向と向きとをもち, AC の大きさが AB の α 倍であるときは, g のことを f の α 倍といい,

$$\alpha f$$

で表わす. もちろん

$$\overrightarrow{AC} = \alpha \overrightarrow{AB}.$$

また, AB と AC とが方向は同じであるが向きが反対のとき, AC の大きさが AB の大きさの β 倍であるならば, g は f の $(-\beta)$ 倍であるといい,

$$g = (-\beta)f$$

で表わす. もちろん

$$\overrightarrow{AC} = (-\beta)\overrightarrow{AB}$$

である.

f の0倍は恒等写像と定めるのが常識的であろう. そうすれば, もちろん

$$0\overrightarrow{AB} = \overrightarrow{AA}$$

である.

以下, 公理を掲げていくが, これまで述べたことを, 理解のための便法として十分に利用していただきたい. しかし, ベクトルという用語は無内容なものであるから, ベクトルとは平行移動のことだなどとは決して言わないでいただきたい.

公理1. ベクトル $\vec{a}, \vec{b}$ に対し, $\vec{a}$ と $\vec{b}$ との**和**とよばれ,

$$\vec{a} + \vec{b}$$

と書かれるベクトルがただ1つ定まる.

公理2. 零ベクトルとよばれ,

$$\vec{0}$$

と書かれる特定のベクトルがただ1つ存在する.

公理3. ベクトル $\vec{a}$ に対し, その逆向きのベクトルとよばれ,

$$-\vec{a}$$

と書かれるベクトルがただ1つ定まる.

公理4. 次の諸法則が成り立つ:
(1) $\vec{a}+\vec{b}=\vec{b}+\vec{a}$
(2) $(\vec{a}+\vec{b})+\vec{c}=\vec{a}+(\vec{b}+\vec{c})$
(3) $\vec{a}+\vec{0}=\vec{0}+\vec{a}=\vec{a}$
(4) $\vec{a}+(-\vec{a})=(-\vec{a})+\vec{a}=\vec{0}$

公理5. 数 λ, およびベクトル $\vec{a}$ に対し, **λ と $\vec{a}$ との積**とよばれ,

$$\lambda\vec{a}$$

と書かれるベクトルがただ1つ定まる.

定義1. λ と $\vec{a}$ との積 $\lambda\vec{a}$ を, **$\vec{a}$ の λ 倍**ともよぶ.

定義2. $\lambda\vec{a}$ という形のベクトルを, $\vec{a}$ の**スカラー倍**という.

公理6. 次の諸法則が成り立つ:
(1) $\lambda(\vec{a}+\vec{b})=\lambda\vec{a}+\lambda\vec{b}$
(2) $(\lambda+\mu)\vec{a}=\lambda\vec{a}+\mu\vec{a}$
(3) $\lambda(\mu\vec{a})=(\lambda\mu)\vec{a}$
(4) $1\vec{a}=\vec{a}.$

以上6つの公理の集まりが**ベクトルの公理群**である.

以下, これらから幾つかの定理を導いていこう.

定理1. いかなるベクトル $\vec{a},\vec{b}$ に対しても

$$\vec{a}+\vec{x}=\vec{b}$$

を満たすベクトル $\vec{x}$ がただ 1 つ存在する.

［証明］ $\vec{x}=(-\vec{a})+\vec{b}$ とおけば

$$\vec{a}+\vec{x} = \vec{a}+((-\vec{a})+\vec{b}) = (\vec{a}+(-\vec{a}))+\vec{b}$$
$$= \vec{0}+\vec{b} = \vec{b}.$$

よって，$(-\vec{a})+\vec{b}$ は，$\vec{a}+\vec{x}=\vec{b}$ を満たす．したがって，$\vec{a}+\vec{x}=\vec{b}$ を満たす $\vec{x}$ は少なくとも 1 つは存在する.

次に，もし

$$\vec{a}+\vec{y}=\vec{b}, \quad \vec{a}+\vec{z}=\vec{b}$$

なるベクトル $\vec{y},\vec{z}$ があったとすれば

$$(-\vec{a})+(\vec{a}+\vec{y}) = (-\vec{a})+(\vec{a}+\vec{z})$$
$$((-\vec{a})+\vec{a})+\vec{y} = ((-\vec{a})+\vec{a})+\vec{z}$$
$$\vec{0}+\vec{y} = \vec{0}+\vec{z}$$
$$\therefore \quad \vec{y} = \vec{z}$$

したがって，$\vec{a}+\vec{x}=\vec{b}$ を満たすベクトル $\vec{x}$ は 2 つはない．

こうして，$\vec{a}+\vec{x}=\vec{b}$ を満たすベクトル $\vec{x}$ はただ 1 つ存在することがわかった． ∎

定義 3. $\vec{a}+\vec{x}=\vec{b}$ を満たすベクトル $\vec{x}$ を

$$\vec{b}-\vec{a}$$

と書く.

もちろん,

$$\vec{b}-\vec{a} = (-\vec{a})+\vec{b}$$

である.

定理 2. $0\vec{a}=\vec{0}$.

[証明] まず

$$0\vec{a} = (0+0)\vec{a} = 0\vec{a}+0\vec{a}.$$

他方

$$0\vec{a} = 0\vec{a}+\vec{0}.$$

よって, $0\vec{a}$ も $\vec{0}$ も

$$0\vec{a}+\vec{x} = 0\vec{a}$$

を満たす $\vec{x}$ であるから, 定理 1 によって

$$0\vec{a} = \vec{0}. \quad \blacksquare$$

定理 3. $(-1)\vec{a}=-\vec{a}$.

[証明] まず

$$\begin{aligned}\vec{a}+(-1)\vec{a} &= 1\vec{a}+(-1)\vec{a} = (1+(-1))\vec{a} \\ &= 0\vec{a} = \vec{0}. \quad (定理 2 による)\end{aligned}$$

他方,

$$\vec{a}+(-\vec{a})=\vec{0}.$$

よって，$(-1)\vec{a}$ も $-\vec{a}$ も

$$\vec{a}+\vec{x}=\vec{0}$$

を満たす $\vec{x}$ であるから，定理1によって

$$(-1)\vec{a}=-\vec{a}. \blacksquare$$

定理 4. $\lambda\vec{a}=\vec{0} \iff [\lambda=0$ かまたは $\vec{a}=\vec{0}]$.

注意. 「$A\iff B$」という式は

「A ならば B で，しかも B ならば A」

であることを示す．

[証明] まず，$\lambda\vec{a}=\vec{0}$ ならば，$[\lambda=0$ かまたは $\vec{a}=\vec{0}]$ であることを証明する．そのためには，$\lambda\vec{a}=\vec{0}$ のとき，$\lambda\neq 0$ ならば $\vec{a}=\vec{0}$ であることをいえばよい．そこで，$\lambda\vec{a}=\vec{0}$, $\lambda\neq 0$ とすれば

$$\frac{1}{\lambda}(\lambda\vec{a})=\frac{1}{\lambda}\vec{0}$$

$$\left(\frac{1}{\lambda}\lambda\right)\vec{a}=\vec{0}$$

$$1\vec{a}=\vec{0}$$

$$\therefore \vec{a}=\vec{0}.$$

次に，$[\lambda=0$ かまたは $\vec{a}=\vec{0}]$ ならば，$\lambda\vec{a}=\vec{0}$ であること

を示す.

$\lambda = 0$ ならば

$$\lambda \vec{a} = 0\vec{a} = \vec{0}.$$

また, $\vec{a} = \vec{0}$ ならば

$$\lambda \vec{0} = \lambda(\vec{0} + \vec{0}) = \lambda \vec{0} + \lambda \vec{0}.$$

他方

$$\lambda \vec{0} = \lambda \vec{0} + \vec{0}.$$

よって, $\lambda \vec{0}$ も $\vec{0}$ も

$$\lambda \vec{0} + \vec{x} = \lambda \vec{0}$$

を満たす $\vec{x}$ であるから

$$\lambda \vec{0} = \vec{0}.$$

ゆえに

$$\lambda \vec{a} = \vec{0}. \quad \blacksquare$$

§3. 内積の公理群

本節では,「内積の公理群」を掲げ,それをめぐる話題を紹介しよう.

はじめに,公理群の理解を容易にするために,内積なるものの直観的な意味を,平行移動について説明しておこう.

(1) AB_0 を長さ1の有向線分,$\overrightarrow{AC}$ を平行移動とする.このとき,点 C から直線 AB_0 におろした垂線の足を D とすれば,あきらかに

$$\overrightarrow{AD} = \lambda \overrightarrow{AB_0}$$

なる実数 λ が存在する(図 3.1).この λ を,$\overrightarrow{\mathbf{AC}}$ の $\overrightarrow{\mathbf{AB_0}}$ に対する大きさといい

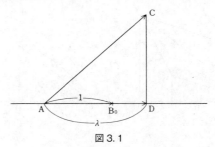

図 3.1

$$\overrightarrow{AC}/\overrightarrow{AB_0}$$

と書く．もちろん，これは正であるとは限らない．

有向線分 AC の大きさが1ならば，あきらかに

$$\overrightarrow{AC}/\overrightarrow{AB_0} = \overrightarrow{AB_0}/\overrightarrow{AC}$$

である（図3.2を参照）．

また，一般に

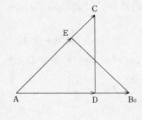
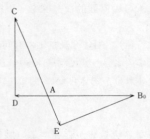

図3.2

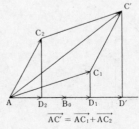
$$\overrightarrow{AC'} = \overrightarrow{AC_1} + \overrightarrow{AC_2}$$

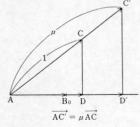
$$\overrightarrow{AC'} = \mu\overrightarrow{AC}$$

図3.3

§3. 内積の公理群

$$(\overrightarrow{AC_1}+\overrightarrow{AC_2})/\overrightarrow{AB_0} = \overrightarrow{AC_1}/\overrightarrow{AB_0}+\overrightarrow{AC_2}/\overrightarrow{AB_0}$$
$$(\mu\overrightarrow{AC})/\overrightarrow{AB_0} = \mu(\overrightarrow{AC}/\overrightarrow{AB_0})$$

であることもたやすくわかる(図 3.3 を参照).

(2) $\overrightarrow{AB}, \overrightarrow{AC}$ を任意の平行移動とすれば,あきらかに

$$\overrightarrow{AB} = \nu\overrightarrow{AB_0}, \quad AB_0 \text{の長さ} = 1, \quad \nu \geq 0 \quad (*)$$

なる点 B_0,および数 ν が必ず存在する(図 3.4).このとき,実数

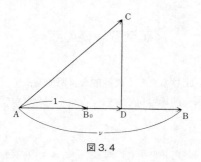

図 3.4

$$\nu(\overrightarrow{AC}/\overrightarrow{AB_0})$$

を,$\overrightarrow{AB}$ と $\overrightarrow{AC}$ の内積といい,

$$(\overrightarrow{AB}, \overrightarrow{AC})$$

と書く.これは,(*) なる $\overrightarrow{AB_0}$ に対する $\overrightarrow{AB}$ と $\overrightarrow{AC}$ の大きさの積に他ならない.

ところで，有向線分 AC に対しても，

$$\overrightarrow{AC} = \nu'\overrightarrow{AC_0}, \quad AC_0 \text{ の長さ} = 1, \ \nu' \geqq 0$$

なる点 C_0，および数 ν' が存在するから，

$$\begin{aligned}
(\overrightarrow{AC}, \overrightarrow{AB}) &= \nu'(\overrightarrow{AB}/\overrightarrow{AC_0}) = \nu'((\nu\overrightarrow{AB_0})/\overrightarrow{AC_0}) \\
&= \nu\nu'(\overrightarrow{AB_0}/\overrightarrow{AC_0}) = \nu\nu'(\overrightarrow{AC_0}/\overrightarrow{AB_0}) \\
&= \nu((\nu'\overrightarrow{AC_0})/\overrightarrow{AB_0}) = \nu(\overrightarrow{AC}/\overrightarrow{AB_0}) \\
&= (\overrightarrow{AB}, \overrightarrow{AC})
\end{aligned}$$

すなわち

$$(\overrightarrow{AC}, \overrightarrow{AB}) = (\overrightarrow{AB}, \overrightarrow{AC})$$

である．

なお，以上はもちろん直観的な説明であって，本論とは原理的に何ら関係のないものであることを重ねて注意しておく．

公理 1. ベクトル $\vec{a}, \vec{b}$ に対し，$\vec{a}$ と $\vec{b}$ との**内積**とよばれ，

$$(\vec{a}, \vec{b})$$

と書かれる実数がただ 1 つ定まる．

公理 2. 次の諸法則が成立する：
(1) $(\vec{a}, \vec{b}) = (\vec{b}, \vec{a})$
(2) $(\vec{a}+\vec{b}, \vec{c}) = (\vec{a}, \vec{c}) + (\vec{b}, \vec{c})$
(3) $(\lambda\vec{a}, \vec{b}) = \lambda(\vec{a}, \vec{b})$

(4)　$(\vec{a},\vec{a}) \geqq 0$
(5)　$(\vec{a},\vec{a}) = 0 \iff \vec{a} = \vec{0}.$

以上の公理の集まりを**内積の公理群**という．

以下，これまでに述べた公理や定理から導かれる主要な定理を紹介したり，主要な概念を定義したりすることにしよう．

定理1. $(\vec{a},\vec{b}+\vec{c}) = (\vec{a},\vec{b}) + (\vec{a},\vec{c}).$

[証明]

$$\begin{aligned}(\vec{a},\vec{b}+\vec{c}) &= (\vec{b}+\vec{c},\vec{a}) \\ &= (\vec{b},\vec{a}) + (\vec{c},\vec{a}) \\ &= (\vec{a},\vec{b}) + (\vec{a},\vec{c}). \quad \blacksquare\end{aligned}$$

定理2. $(\vec{a},\lambda\vec{b}) = \lambda(\vec{a},\vec{b}).$

問1. 定理2を証明せよ．

定義1. 任意のベクトル $\vec{a}$ に対し

$$\|\vec{a}\| = \sqrt{(\vec{a},\vec{a})}$$

とおき，これを $\vec{a}$ の**ノルム**という．

定理3. 次の諸法則が成り立つ：

(1)　$\|\vec{a}\| \geqq 0$
(2)　$\|\vec{a}\| = 0 \iff \vec{a} = \vec{0}$
(3)　$\|\vec{a}+\vec{b}\| \leqq \|\vec{a}\| + \|\vec{b}\|$
(4)　$\|\lambda\vec{a}\| = |\lambda|\|\vec{a}\|.$

[証明]　(1)：定義よりあきらかであろう．

(2)：省略する．

(3)：$\vec{a}=\vec{0}$ ならばあきらかであるから，$\vec{a}\neq\vec{0}$ とする．x を，実数上を動く変数とすれば，

$$\|x\vec{a}+\vec{b}\| \geq 0.$$

よって，

$$(x\vec{a}+\vec{b}, x\vec{a}+\vec{b}) \geq 0.$$

公理 2 を用いて左辺を開けば

$$(\vec{a},\vec{a})x^2+2(\vec{a},\vec{b})x+(\vec{b},\vec{b}) \geq 0.$$

しかるに，これは，x のいかんにかかわらず成り立ち，しかも $(\vec{a},\vec{a})>0$ であるから，左辺の 2 次式の判別式は決して正にならない．よって，

$$(\vec{a},\vec{b})^2 \leq (\vec{a},\vec{a})(\vec{b},\vec{b}).$$

したがって，

$$|(\vec{a},\vec{b})| \leq \|\vec{a}\|\|\vec{b}\|.$$

ところで，

$$\begin{aligned}
\|\vec{a}+\vec{b}\|^2 &= (\vec{a}+\vec{b}, \vec{a}+\vec{b}) \\
&= (\vec{a},\vec{a})+2(\vec{a},\vec{b})+(\vec{b},\vec{b}) \\
&\leq \|\vec{a}\|^2+2\|\vec{a}\|\|\vec{b}\|+\|\vec{b}\|^2 \\
&= (\|\vec{a}\|+\|\vec{b}\|)^2.
\end{aligned}$$

したがって

$$\|\vec{a}+\vec{b}\| \leq \|\vec{a}\| + \|\vec{b}\|.$$

(4)：省略. ∎

問2. 上の (2), (4) を証明せよ.

問3.

$$(\vec{a},\vec{b}) = \|\vec{a}\|\|\vec{b}\| \iff \|\vec{a}+\vec{b}\| = \|\vec{a}\| + \|\vec{b}\|$$

であること，および，

$$-(\vec{a},\vec{b}) = \|\vec{a}\|\|\vec{b}\| \iff \|\vec{a}-\vec{b}\| = \|\vec{a}\| + \|\vec{b}\|$$

であることを証明せよ.

注意1. 上の証明中にあらわれた式

$$|(\vec{a},\vec{b})| \leq \|\vec{a}\|\|\vec{b}\|$$

は，いろいろのことに役立つ非常に有用な式であって，シュワルツの**不等式**とよばれる.

定義2. $(\vec{a},\vec{b})=0$ のとき，$\vec{a}$ と $\vec{b}$ とは**垂直**であるといい，

$$\vec{a} \perp \vec{b}$$

と書く.

定理4. $\vec{a} \perp \vec{b} \iff \vec{b} \perp \vec{a}$.

[証明] $(\vec{a},\vec{b}) = (\vec{b},\vec{a})$ よりあきらかであろう. ∎

定理5. $\vec{a} \perp \vec{0}$.

[証明]
$$(\vec{a},\vec{0}) = (\vec{a},\vec{0}+\vec{0}) = (\vec{a},\vec{0})+(\vec{a},\vec{0}).$$

よって
$$(\vec{a},\vec{0}) = 0$$
$$\therefore \quad \vec{a} \perp \vec{0}. \quad \blacksquare$$

定理 6. $\vec{a} \perp \vec{b} \iff \|\vec{a}+\vec{b}\|^2 = \|\vec{a}\|^2+\|\vec{b}\|^2.$

[証明]
$$\begin{aligned}\|\vec{a}+\vec{b}\|^2 &= (\vec{a}+\vec{b},\vec{a}+\vec{b}) \\ &= (\vec{a},\vec{a})+2(\vec{a},\vec{b})+(\vec{b},\vec{b}) \\ &= \|\vec{a}\|^2+2(\vec{a},\vec{b})+\|\vec{b}\|^2.\end{aligned}$$

よって,
$$\begin{aligned}\|\vec{a}+\vec{b}\|^2 = \|\vec{a}\|^2+\|\vec{b}\|^2 &\iff 2(\vec{a},\vec{b}) = 0 \\ &\iff (\vec{a},\vec{b}) = 0 \\ &\iff \vec{a} \perp \vec{b}. \quad \blacksquare\end{aligned}$$

注意 2. これは,ピタゴラスの定理に類似の定理である.

定理 7. $\vec{a} \neq \vec{0}$ ならば,どのようなベクトル $\vec{b}$ に対しても

$$\vec{a} \perp \left\{\vec{b} - \frac{(\vec{a},\vec{b})}{\|\vec{a}\|^2}\vec{a}\right\}.$$

[証明]

$$\left(\vec{a}, \vec{b} - \frac{(\vec{a},\vec{b})}{\|\vec{a}\|^2}\vec{a}\right) = (\vec{a},\vec{b}) - \left(\vec{a}, \frac{(\vec{a},\vec{b})}{\|\vec{a}\|^2}\vec{a}\right)$$

$$= (\vec{a},\vec{b}) - \frac{(\vec{a},\vec{b})}{\|\vec{a}\|^2}(\vec{a},\vec{a})$$

$$= (\vec{a},\vec{b}) - \frac{(\vec{a},\vec{b})}{\|\vec{a}\|^2}\|\vec{a}\|^2$$

$$= (\vec{a},\vec{b}) - (\vec{a},\vec{b})$$

$$= 0. \quad \blacksquare$$

この定理により，$\vec{a} \neq \vec{0}$ ならば，どのようなベクトル $\vec{b}$ も

$$\vec{b} = \frac{(\vec{a},\vec{b})}{\|\vec{a}\|^2}\vec{a} + \left\{\vec{b} - \frac{(\vec{a},\vec{b})}{\|\vec{a}\|^2}\vec{a}\right\}$$

という形に書かれること，すなわち，$\vec{a}$ のスカラー倍と，$\vec{a}$ に垂直なベクトルの和として書かれることがわかる（図 3.5）．

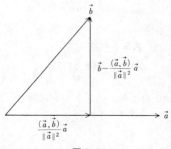

図 3.5

ところが，あたえられたベクトル $\vec{a}$ ($\neq \vec{0}$) に対するベクトル $\vec{b}$ のこのような表わし方はただ 1 通りなのである．すなわち，次の定理が成り立つ．

定理 8. $\vec{a} \neq \vec{0}$ のとき，ベクトル $\vec{b}$ に対し

$$\vec{b} = \lambda \vec{a} + \vec{c}, \quad (\vec{a}, \vec{c}) = 0$$

なる実数 λ およびベクトル $\vec{c}$ があったとすれば，

$$\lambda = \frac{(\vec{a}, \vec{b})}{\|\vec{a}\|^2}, \quad \vec{c} = \vec{b} - \frac{(\vec{a}, \vec{b})}{\|\vec{a}\|^2} \vec{a}$$

である．

［証明］ $(\vec{a}, \vec{c}) = 0$ より

$$(\vec{a}, \vec{b}) = (\vec{a}, \lambda \vec{a} + \vec{c}) = (\vec{a}, \lambda \vec{a}) + (\vec{a}, \vec{c})$$
$$= (\vec{a}, \lambda \vec{a}) = \lambda (\vec{a}, \vec{a}) = \lambda \|\vec{a}\|^2.$$

よって

$$\lambda = \frac{(\vec{a}, \vec{b})}{\|\vec{a}\|^2}.$$

そうすれば，当然

$$\vec{c} = \vec{b} - \lambda \vec{a}$$
$$= \vec{b} - \frac{(\vec{a}, \vec{b})}{\|\vec{a}\|^2} \vec{a}. \quad \blacksquare$$

定義 3. $\vec{a} \neq \vec{0}$ のとき，ベクトル $\vec{b}$ に対し

$$\frac{(\vec{a}, \vec{b})}{\|\vec{a}\|^2} \vec{a}$$

のことを，$\vec{b}$ の $\vec{a}$ の上への**正射影**という．

§4. ユークリッド空間の公理群

本節では,「ユークリッド空間の公理群」を掲げ, それをめぐる話題を紹介しよう.

1°. ユークリッド空間の公理群

公理 1. 少なくとも 1 つの点が存在する.

公理 2. どのような順序づけられた 2 点 P, Q に対しても, ただ 1 つのベクトルが定まる. これを

$$\overrightarrow{PQ}$$

で表わす. P, Q は一致してもかまわない.

注意 1. $\overrightarrow{PQ}$ という記号は, P を始点とし Q を終点とする有向線分を表わすのに用いられることがある. しかし, われわれは, この記号を, P, Q という 2 つの点によって定まるベクトルを表わすのに用いようというのであるから, これを上に述べたような有向線分と混同しないよう十分注意しなければならない. なお, われわれが上に述べたような有向線分を扱う際には,「有向線分 PQ」と書くことにする.

公理 3. 任意の点 P, および任意のベクトル $\vec{a}$ に対して

$$\overrightarrow{PQ} = \vec{a}$$

を成り立たせるような点 Q がただ 1 つ存在する.

公理 4. どのような 3 点 P, Q, R に対しても

$$\overrightarrow{PQ} + \overrightarrow{QR} = \overrightarrow{PR}$$

が成り立つ.

以上の 4 つを合わせて**ユークリッド空間の公理群**という.

次のように定義する.

定義 1. 点とよばれるものの集合 E, ベクトルとよばれるものの集合 V が, ベクトルの公理群, 内積の公理群, およびユークリッド空間の公理群を満たすならば, E を**ユークリッド空間**, V を E の**ベクトルの集合**とよぶ.

今後, 点といえば, ある固定されたユークリッド空間 E の要素を, またベクトルといえば, その E のベクトルの集合 V の要素をさすものとする.

以下, これまでに述べた公理や定理から導かれる主要な定理を紹介したり, 主要な概念を定義したりすることにしよう.

定理 1. どのような点 P に対しても

$$\overrightarrow{PP} = \vec{0}.$$

[証明] $\vec{0}$ の性質から

$$\overrightarrow{PP}+\vec{0} = \overrightarrow{PP}.$$

また,公理4から

$$\overrightarrow{PP}+\overrightarrow{PP} = \overrightarrow{PP}.$$

したがって,$\vec{0}$ も $\overrightarrow{PP}$ も,$\overrightarrow{PP}+\vec{x}=\overrightarrow{PP}$ を満たす $\vec{x}$ であるから

$$\overrightarrow{PP} = \vec{0}. \blacksquare$$

定理2. どのような2点 P, Q に対しても

$$\overrightarrow{QP} = -\overrightarrow{PQ}.$$

[証明] 公理4と定理1とから

$$\overrightarrow{PQ}+\overrightarrow{QP} = \overrightarrow{PP} = \vec{0}.$$

よって,

$$(-\overrightarrow{PQ})+(\overrightarrow{PQ}+\overrightarrow{QP}) = (-\overrightarrow{PQ})+\vec{0}$$
$$((-\overrightarrow{PQ})+\overrightarrow{PQ})+\overrightarrow{QP} = -\overrightarrow{PQ}$$
$$\vec{0}+\overrightarrow{QP} = -\overrightarrow{PQ}$$
$$\therefore \ \overrightarrow{QP} = -\overrightarrow{PQ}. \blacksquare$$

2°. 直線

定義2. 次の条件を満たす E の部分集合 l を直線とい

う.
(1) l は少なくとも2つの点を含む.
(2) P, Q が,
$$P, Q \in l, \quad P \neq Q$$
なる2点ならば, どのような数 λ に対しても,
$$\lambda \overrightarrow{PQ} = \overrightarrow{PR}$$
を満たす点 R は l に含まれる.
(3) P, Q, R が,
$$P, Q, R \in l, \quad P \neq Q$$
なる3点ならば,
$$\lambda \overrightarrow{PQ} = \overrightarrow{PR}$$
なる数 λ が存在する.

定義3. 点 P が直線 l に含まれているとき, **P は l の上にある**, **l は P を通る**, などという.

定義4. 直線 l が相異なる2点 P, Q を通るならば, l を**直線 PQ**, または **P, Q を結ぶ直線**ともいう.

定理3. 相異なるどのような2点に対しても, それらを通る直線がただ1つ存在する.

［証明］ あたえられた2点を A, B とする. まず, 集合
$$l = \{X \mid \overrightarrow{AX} = \lambda \overrightarrow{AB} \text{ なる } \lambda \text{ がある}\}$$

が，A, B を通る直線であることを示そう．

あきらかに

$$\overrightarrow{AA} = \vec{0} = 0\overrightarrow{AB}, \quad \overrightarrow{AB} = 1\overrightarrow{AB}$$

であるから，$A, B \in l$．

よって，あとは，l が直線の定義の (2), (3) を満たすことをたしかめればよい．

(2)：P, Q を，$P, Q \in l$, $P \neq Q$ なる2点，λ を任意の数として，

$$\lambda \overrightarrow{PQ} = \overrightarrow{PR}$$

なる点 R が l に含まれることを示す．

$$\overrightarrow{AP} = \lambda_1 \overrightarrow{AB}, \quad \overrightarrow{AQ} = \lambda_2 \overrightarrow{AB}$$

なる λ_1, λ_2 があるから

$$\overrightarrow{PQ} = \overrightarrow{PA} + \overrightarrow{AQ} = -\overrightarrow{AP} + \overrightarrow{AQ} = (\lambda_2 - \lambda_1)\overrightarrow{AB}$$
$$\therefore \lambda \overrightarrow{PQ} = \lambda(\lambda_2 - \lambda_1)\overrightarrow{AB}.$$

他方，

$$\overrightarrow{PR} = \overrightarrow{PA} + \overrightarrow{AR} = -\overrightarrow{AP} + \overrightarrow{AR} = (-\lambda_1)\overrightarrow{AB} + \overrightarrow{AR}$$

よって，$\lambda \overrightarrow{PQ} = \overrightarrow{PR}$ なる点 R が l に含まれることを示すためには，

$$\lambda(\lambda_2 - \lambda_1)\overrightarrow{AB} = (-\lambda_1)\overrightarrow{AB} + \overrightarrow{AR},$$

すなわち

$$(\lambda(\lambda_2-\lambda_1)+\lambda_1)\overrightarrow{AB} = \overrightarrow{AR}$$

なる R が l に含まれることを示せばよい．しかしこれは，l の定義よりあきらかである．

(3) の証明，および A, B を通る直線がこれ以外にないことの証明は省略する．■

問 1． 定理 3 の証明を完結せしめよ．

定理 4． P, Q を直線 l 上の相異なる 2 点とすれば，l 上のどのような 2 点 R, S に対しても

$$\overrightarrow{RS} = \lambda \overrightarrow{PQ}$$

なる数 λ が存在する．

[証明]

$$\overrightarrow{PR} = \xi\overrightarrow{PQ}, \quad \overrightarrow{PS} = \eta\overrightarrow{PQ}$$

なる数 ξ, η があるから，

$$\overrightarrow{RS} = \overrightarrow{RP}+\overrightarrow{PS} = (-\overrightarrow{PR})+\overrightarrow{PS}$$
$$= (-\xi)\overrightarrow{PQ}+\eta\overrightarrow{PQ} = (\eta-\xi)\overrightarrow{PQ}.$$

よって，$\eta-\xi$ が求める λ である．■

注意 2． 相異なる 2 点を通る直線はただ 1 つしかないのであるから，相異なる 2 つの直線 l, m は 1 点を共有するか，あるいは共有点をもたないか，いずれかである．

定義 5． 2 直線 l, m が 1 点 O のみを共有するとき，l, m

は O で交わるといい，O を l, m の**交点**という．

定義 6. l, m を直線とする．このとき，l 上に相異なる 2 点 A, B；m 上に相異なる 2 点 C, D をとって，

$$\overrightarrow{CD} = \lambda \overrightarrow{AB}$$

なる数 λ があるようにできるならば，l と m とは**平行**であるといい，

$$l \parallel m$$

と書く．

注意 3. $l \parallel l$ であること，および $l \parallel m$ ならば $m \parallel l$ であることはあきらかであろう．

定理 5. $l \parallel m$ とし，P, Q を l 上の相異なる 2 点，R, S を m 上の相異なる 2 点とすれば，

$$\overrightarrow{RS} = \mu \overrightarrow{PQ}$$

なる数 μ が存在する．

問 2. 定理 5 を証明せよ．

定理 6. 任意の直線 l，および任意の点 P に対して，P を通り l に平行な直線がただ 1 つ存在する．

問 3. 定理 6 を証明せよ．

注意 4. 直線 l 上の点 P を通って l に平行な直線が l だけであることはあきらかである．

注意 5. 上の注意から，$l \parallel m$ でかつ l と m とが一致しなければ，l と m とは点を共有しない．しかし，点を共有

しない2直線が平行であるかどうかは，この段階ではまだわからない．

定義7. 2直線 l, m が O で交わるとき，それぞれの上に O と異なる点 A, B をとって

$$\overrightarrow{OA} \perp \overrightarrow{OB}$$

であるようにできるならば，l と m とは O で**直交**するという．何らかの点で直交する2直線 l, m は**垂直**であるともいわれ，

$$l \perp m$$

と書かれる．

注意6. $l \perp m$ ならば $m \perp l$ であることはあきらかである．

定理7. 2直線 l と m とが O で直交するとき，それぞれの上に O と異なる点 P, Q をとれば，

$$\overrightarrow{OP} \perp \overrightarrow{OQ}$$

である．

問4. 定理7を証明せよ．

定理8. 直線 l 外の点 P を通って，l に直交する直線 m がただ1つ存在する．

[証明] P を通って l と交わる直線 l' を引き，それらの交点を Q とする（図4.1）．次に，l 上に Q 以外の点 R をとり，ベクトル $\overrightarrow{QP}$ の，$\overrightarrow{QR}$ の上への正射影を $\vec{d}$ とする．こ

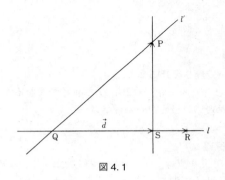

図 4.1

こで

$$\vec{d} = \overrightarrow{QS}$$

なる点 S をとれば，直線 PS は l と直交し，かつ点 P を通って l と直交する直線はこれ以外にはないことが示されるのであるが，その証明は省略することにしよう．■

問 5. 定理 8 の証明を完結せしめよ．

注意 7. 直線 l 上の点を通って l と直交する直線が引けるかどうか，また，引けるとしてもそれがただ 1 つに限るかどうかは，この段階ではまだわからない．

定理 9. 3 つの直線 l, m, n が

$$l \perp m, \quad m \mathbin{/\!/} n$$

を満たし，かつ l と n とが交わるならば，

$$l \perp n$$

である.

問 6. 定理 9 を証明せよ.

注意 8. $l \perp m$, $m /\!/ n$ でも, l と n とが交わるかどうかは, この段階ではまだわからない.

3°. 半直線

定義 8. l を直線, O をその上の 1 点とする. このとき, l 上の O 以外の 2 点 A, B は,

$$\overrightarrow{OA} = \lambda \overrightarrow{OB}, \quad \lambda > 0$$

なる数 λ があるとき, O に関して**同じ側**にあるといい,

$$\overrightarrow{OA} = \lambda \overrightarrow{OB}, \quad \lambda < 0$$

なる数 λ があるとき, O に関して**反対側**にあるという.

注意 9. $\overrightarrow{OA} = \lambda \overrightarrow{OB}$, $\lambda \neq 0$ ならば,

$$\overrightarrow{OB} = \frac{1}{\lambda} \overrightarrow{OA}$$

で, λ と $\frac{1}{\lambda}$ の符号は一致するから, A, B が O に関して同じ側にあれば B, A も O に関して同じ側にあり, A, B が O に関して反対側にあれば B, A も O に関して反対側にある.

注意 10. (1) A, B が O に関して同じ側にあり, B, C が O に関して同じ側にあれば, A, C も O に関して同じ側

にある.

(2) A, B が O に関して同じ側にあり, B, C が O に関して反対側にあれば, A, C は O に関して反対側にある.

(3) A, B が O に関して反対側にあり, B, C が O に関して同じ側にあれば, A, C は O に関して反対側にある.

(4) A, B が O に関して反対側にあり, B, C が O に関して反対側にあれば, A, C は O に関して同じ側にある.

定義 9. l を直線, O, A をその上の相異なる 2 点とする. このとき, 次のような l の部分集合を, O を端点とし A に向かう**開半直線**, または単に**開半直線 OA** とよぶ. l はその**台**といわれる:

$$\{X \mid X は O に関して A と同じ側にある\}.$$

注意 11. 点 B が, 開半直線 OA 上にあれば, 開半直線 OB は開半直線 OA と一致する. O を端点とする開半直線は, それに含まれる任意の点と O に関して同じ側にある点の全体である.

定義 10. l を台とする開半直線 OA と集合 $\{O\}$ との和集合を, O を**端点**とし A に向かう**半直線**, または単に**半直線 OA** とよぶ. このとき, 開半直線 OA はその**内部**, l はその**台**といわれる.

定義 11. 点 B が (開) 半直線 OA に含まれるとき, B は (開) 半直線 OA の**上にある**, あるいは (開) 半直線 OA は B を**通る**という.

定理 10.

半直線 OA $= \{X \mid \overrightarrow{OX} = \lambda \overrightarrow{OA}, \ \lambda \geqq 0 \ なる \lambda がある\}$.

定理 11. l を直線,O をその上の 1 点とすれば,l を台とし,O を端点とする次のような半直線 h_1, h_2 がある:

(1) $h_1 \cup h_2 = l$
(2) $h_1 \cap h_2 = \{O\}$
(3) l を台とし,O を端点とする半直線は,h_1, h_2 以外にない.

[証明] l 上に O と異なる任意の点 A をとり,

$$\overrightarrow{OB} = -\overrightarrow{OA}$$

なる点 B を考える.直線の定義により,B は l 上にあって,A,B は O に関して反対側にある.ここで,

$$h_1 = \{X \mid \overrightarrow{OX} = \lambda \overrightarrow{OA}, \ \lambda \geqq 0 \ なる \lambda がある\}$$
$$h_2 = \{X \mid \overrightarrow{OX} = \lambda \overrightarrow{OB}, \ \lambda \geqq 0 \ なる \lambda がある\}$$

とおけば,h_1, h_2 が O を端点とする半直線で

$$h_1 \cup h_2 = l, \quad h_1 \cap h_2 = \{O\}$$

であることはあきらかである.

いま,h を,l を台とし O を端点とする任意の半直線とする.ここで,$h - \{O\}$ の任意の点を C とすれば,それは O に関して A と同じ側にあるか,B と同じ側にあるかいずれかである.もし,前者ならば,$h = h_1$ であり,後者な

らば，$h = h_2$ であることはあきらかであろう．■

定義12．上の半直線 h_1 と h_2 とは互いに**向きが反対**であるという（図4.2）．

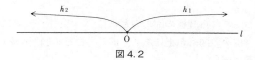

図4.2

4°．線分

定義13．A, B を直線 l 上の相異なる 2 点とする．このとき，

$$(\text{開半直線 AB}) \cap (\text{開半直線 BA})$$

のことを**開線分** AB といい，A, B をその**端点**，l をその**台**とよぶ．また，

$$(\text{開線分 AB}) \cup \{A\} \cup \{B\}$$

のことを**線分** AB といい，A, B をその**端点**，l をその**台**とよぶ．さらに，

$$(\text{半直線 AB}) - (\text{線分 AB})$$
$$(\text{半直線 BA}) - (\text{線分 AB})$$

をそれぞれ，線分 AB の B の方への**延長**，線分 AB の A の方への延長といい，l をそれらの**台**とよぶ．2 つの延長はいずれも開半直線である（図4.3）．

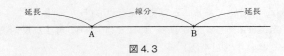

図 4.3

 なお,これら 3 種の図形のどれについても,それに含まれる点はその図形の**上にある**,あるいはその図形はその点を**通る**という.

 注意 12. (開)線分 AB と(開)線分 BA とは,定義により同じものである.

 定理 12. l を直線,O を任意の点,A, B を l 上の相異なる任意の 2 点とする.このとき,点 X が l 上にあるための必要十分条件は

$$\overrightarrow{OX} = \lambda\overrightarrow{OA} + \mu\overrightarrow{OB}, \quad \lambda + \mu = 1$$

なる数 λ, μ がただ 1 組あることである(O はかならずしも l の上になくてもよい).

 [証明] $X \in l$ とすれば,

$$\overrightarrow{AX} = \xi\overrightarrow{AB}$$

なる数 ξ がある.これを書きかえれば

$$\overrightarrow{AO} + \overrightarrow{OX} = \xi\overrightarrow{AO} + \xi\overrightarrow{OB}$$
$$\overrightarrow{OX} = (1-\xi)\overrightarrow{OA} + \xi\overrightarrow{OB}.$$

よって,$\lambda = 1-\xi$, $\mu = \xi$ とおけば,$\lambda + \mu = 1$ だから

$$\overrightarrow{OX} = \lambda\overrightarrow{OA}+\mu\overrightarrow{OB}, \quad \lambda+\mu = 1$$

なる λ, μ が存在する．

逆に，このような λ, μ が存在すれば，

$$\begin{aligned}
\overrightarrow{AX} &= \overrightarrow{AO}+\overrightarrow{OX} \\
&= \overrightarrow{AO}+\lambda\overrightarrow{OA}+\mu\overrightarrow{OB} \\
&= \overrightarrow{AO}+(-\lambda)\overrightarrow{AO}+\mu\overrightarrow{OB} \\
&= (1-\lambda)\overrightarrow{AO}+\mu\overrightarrow{OB} \\
&= \mu\overrightarrow{AO}+\mu\overrightarrow{OB} \\
&= \mu(\overrightarrow{AO}+\overrightarrow{OB}) \\
&= \mu\overrightarrow{AB}.
\end{aligned}$$

これより，X は l の上にあることがわかる．

次に，そのような数 λ, μ はただ 1 組しかないことを示そう．

$$\begin{aligned}
\overrightarrow{OX} &= \lambda\overrightarrow{OA}+\mu\overrightarrow{OB}, & \lambda+\mu &= 1 \\
\overrightarrow{OX} &= \lambda'\overrightarrow{OA}+\mu'\overrightarrow{OB}, & \lambda'+\mu' &= 1
\end{aligned} \quad (\lambda \neq \lambda')$$

であったとすれば，辺々引いて

$$(\lambda-\lambda')\overrightarrow{OA}+(\mu-\mu')\overrightarrow{OB} = \vec{0}.$$

ここで，もし $\lambda \neq \lambda'$ とすれば，

$$\overrightarrow{OA} + \frac{\mu - \mu'}{\lambda - \lambda'} \overrightarrow{OB} = \vec{0}$$

$$\overrightarrow{OA} + \frac{(1-\lambda) - (1-\lambda')}{\lambda - \lambda'} \overrightarrow{OB} = \vec{0}$$

$$\overrightarrow{OA} - \overrightarrow{OB} = \vec{0}$$

$$\therefore \quad \overrightarrow{BA} = \vec{0}.$$

しかし,これは A=B を意味するから矛盾である.よって,

$$\lambda = \lambda',$$

したがってまた

$$\mu = \mu'$$

である. ∎

定理 13. AB を開線分,O を任意の点とする.このとき,点 X が AB 上にあるための必要十分条件は

$$\overrightarrow{OX} = \lambda \overrightarrow{OA} + \mu \overrightarrow{OB}, \quad \lambda + \mu = 1, \quad \lambda > 0, \ \mu > 0$$

なる数 λ, μ がただ 1 組存在することである.

[証明] 必要なこと:AB の台を l とすれば,AB⊂l であるから,AB 上の点 X に対しては,前定理により,

$$\overrightarrow{OX} = \lambda \overrightarrow{OA} + \mu \overrightarrow{OB}, \quad \lambda + \mu = 1$$

なる数 λ, μ がただ 1 組存在する.よって,この λ, μ がとも

に正であることをいえばよい．

開線分の定義により，X は l の上で，A に関して B と同じ側にあるから，

$$\overrightarrow{AX} = \eta \overrightarrow{AB}, \quad \eta > 0$$

なる数 η がある．

よって，

$$\begin{aligned}\overrightarrow{OX} &= \overrightarrow{OA} + \overrightarrow{AX} \\ &= \overrightarrow{OA} + \eta \overrightarrow{AB} \\ &= \overrightarrow{OA} + \eta (\overrightarrow{AO} + \overrightarrow{OB}) \\ &= (1-\eta)\overrightarrow{OA} + \eta \overrightarrow{OB}.\end{aligned}$$

しかるに，$\overrightarrow{OX}$ のこのような表わし方はただ 1 通りだから，

$$\mu = \eta > 0.$$

同様にして，$\lambda > 0$ であることがわかる．

十分なこと：

$$\overrightarrow{OX} = \lambda \overrightarrow{OA} + \mu \overrightarrow{OB}, \quad \lambda + \mu = 1, \quad \lambda > 0, \mu > 0$$

なる数 λ, μ があれば，前定理によって，X は l の上にある．そして，

$$\begin{aligned}\overrightarrow{AX} &= \overrightarrow{AO} + \overrightarrow{OX} = \overrightarrow{AO} + (\lambda \overrightarrow{OA} + \mu \overrightarrow{OB}) \\ &= \overrightarrow{AO} + \lambda \overrightarrow{OA} + \mu (\overrightarrow{OA} + \overrightarrow{AB}) \\ &= (-1)\overrightarrow{OA} + \lambda \overrightarrow{OA} + \mu \overrightarrow{OA} + \mu \overrightarrow{AB}\end{aligned}$$

$$= (\lambda+\mu-1)\overrightarrow{OA}+\mu\overrightarrow{AB}$$
$$= \mu\overrightarrow{AB}.$$

これは，Xがlの上で，Aに関してBと同じ側にあることを示している．

同様にして，Xがlの上で，Bに関してAと同じ側にあることもわかる．

よって，Xは開線分AB上にある． ∎

定義 14. 線分ABとベクトル$\overrightarrow{AB}$との組

$$(AB, \overrightarrow{AB})$$

のことを，Aを**始点**，Bを**終点**とする**有向線分**，または単に**有向線分 AB**という．線分ABの台は有向線分ABの台といわれる．また，点Cが線分AB上にあるとき，有向線分ABはCを**通る**，あるいはCは有向線分ABの上にあるという．

注意 13. 有向線分は，線分に向きをつけたものに他ならない．

定義 15. 有向線分ABと有向線分BAとは互いに**向きが反対**であるという．

定義 16. 直線，開半直線，半直線，開線分，線分，線分の延長，有向線分の7種の図形を**線型図形**という．

定義 17. 2つの線型図形a, bはそれらの台が平行であるとき平行であるといわれ，

$$a \mathbin{/\!/} b$$

と書かれる.

定義 18. 2つの線型図形 a, b は,点 O を通り,かつそれらの台が点 O で直交するとき,O で**直交**するといわれる.また,a, b は,何らかの点で直交するとき**垂直**であるといわれ,

$$a \perp b$$

と書かれる.

定理 14. a, b を垂直な線型図形とし,A, B を a 上の相異なる点,C, D を b 上の相異なる点とすれば,

$$\overrightarrow{AB} \perp \overrightarrow{CD}$$

である.

[証明] a, b の台 l, m の交点を O とし,a, b 上にそれぞれ O と異なる点 P, Q をとれば,

$$\overrightarrow{AB} = \lambda \overrightarrow{OP}, \quad \overrightarrow{CD} = \mu \overrightarrow{OQ}$$

なる数 λ, μ が存在する.よって,

$$(\overrightarrow{AB}, \overrightarrow{CD}) = (\lambda \overrightarrow{OP}, \mu \overrightarrow{OQ}) = \lambda \mu (\overrightarrow{OP}, \overrightarrow{OQ}) = 0.$$

ゆえに

$$\overrightarrow{AB} \perp \overrightarrow{CD}. \quad \blacksquare$$

5°. 線分の長さ

定義 19. 2点 A, B に対して, $\overrightarrow{AB}$ のノルム $\|\overrightarrow{AB}\|$ を, 開線分 AB, 線分 AB および有向線分 AB の**長さ**といい,

$$\overline{AB}$$

と書く. また, これを点 A と B との**距離**ともいい,

$$d(A, B)$$

で表わす.

以下, 便宜上, 定理を述べる際, 記号としては $d(A, B)$ を用いる.

定理 15. $d(A, B) \geq 0$.

定理 16. $d(A, B) = 0 \iff A = B$.

[証明]

$$\begin{aligned} d(A, B) = 0 &\iff \|\overrightarrow{AB}\| = 0 \\ &\iff \overrightarrow{AB} = \vec{0} \\ &\iff A = B. \quad \blacksquare \end{aligned}$$

定理 17. $d(A, B) = d(B, A)$.

[証明]

$$\begin{aligned} d(A, B) &= \|\overrightarrow{AB}\| = \|-\overrightarrow{BA}\| = \|(-1)\overrightarrow{BA}\| \\ &= |-1| \|\overrightarrow{BA}\| = \|\overrightarrow{BA}\| = d(B, A). \quad \blacksquare \end{aligned}$$

定理 18. $d(A, B) + d(B, C) \geq d(A, C)$.

[証明]

$$d(A,C) = \|\overrightarrow{AC}\| = \|\overrightarrow{AB}+\overrightarrow{BC}\|$$
$$\leq \|\overrightarrow{AB}\|+\|\overrightarrow{BC}\|$$
$$= d(A,B)+d(B,C). \quad \blacksquare$$

定理 19. 相異なる 3 点 A, B, C が $d(A,B)+d(B,C)=d(A,C)$ を満たすことと，点 A, B, C が 1 直線上にあって，点 A と C とが B に関して反対側にあることとは同値である．

[証明] $d(A,B)+d(B,C)=d(A,C)$ ならば

$$\|\overrightarrow{AB}\|+\|\overrightarrow{BC}\| = \|\overrightarrow{AC}\| = \|\overrightarrow{AB}+\overrightarrow{BC}\|.$$

よって，前節の問 3（p. 27）により，

$$(\overrightarrow{AB},\overrightarrow{BC}) = \|\overrightarrow{AB}\|\|\overrightarrow{BC}\|.$$

ところで，方程式

$$\|x\overrightarrow{AB}+\overrightarrow{BC}\| = 0 \tag{1}$$

は

$$(x\overrightarrow{AB}+\overrightarrow{BC}, x\overrightarrow{AB}+\overrightarrow{BC}) = 0$$

と同値である．そして，

$$(x\overrightarrow{AB}+\overrightarrow{BC}, x\overrightarrow{AB}+\overrightarrow{BC})$$
$$= \|\overrightarrow{AB}\|^2 x^2 + 2(\overrightarrow{AB},\overrightarrow{BC})x + \|\overrightarrow{BC}\|^2$$

$$= \|\overrightarrow{AB}\|^2 x^2 + 2\|\overrightarrow{AB}\|\|\overrightarrow{BC}\|x + \|\overrightarrow{BC}\|^2$$
$$= (\|\overrightarrow{AB}\|x + \|\overrightarrow{BC}\|)^2.$$

よって,方程式 (1) の解は

$$-\frac{\|\overrightarrow{BC}\|}{\|\overrightarrow{AB}\|}$$

である.つまり,

$$\left\| -\frac{\|\overrightarrow{BC}\|}{\|\overrightarrow{AB}\|}\overrightarrow{AB} + \overrightarrow{BC} \right\| = 0,$$

したがって,

$$\frac{\|\overrightarrow{BC}\|}{\|\overrightarrow{AB}\|}\overrightarrow{AB} = \overrightarrow{BC}.$$

$$\therefore \quad \overrightarrow{BA} = -\frac{\|\overrightarrow{AB}\|}{\|\overrightarrow{BC}\|}\overrightarrow{BC}.$$

であるから,A, B, C は1直線上にあって,A, C は B に関して反対側にある.

逆に,A, B, C が1直線上にあって,A, C が B に関して反対側にあれば,

$$\overrightarrow{BA} = \lambda\overrightarrow{BC}, \quad \lambda < 0$$

なる数 λ がある.すると,$1-\lambda > 0$ だから

$$\|\overrightarrow{AC}\| = \|\overrightarrow{AB} + \overrightarrow{BC}\| = \|(-\lambda)\overrightarrow{BC} + \overrightarrow{BC}\|$$
$$= \|(1-\lambda)\overrightarrow{BC}\| = (1-\lambda)\|\overrightarrow{BC}\|$$
$$= \|\overrightarrow{BC}\| - \lambda\|\overrightarrow{BC}\| = \|\overrightarrow{BC}\| + |\lambda|\|\overrightarrow{BC}\|$$
$$= \|\overrightarrow{BC}\| + \|\lambda\overrightarrow{BC}\| = \|\overrightarrow{BC}\| + \|\overrightarrow{BA}\|$$

$$= \|\overrightarrow{AB}\| + \|\overrightarrow{BC}\|.$$

よって,

$$d(A, C) = d(A, B) + d(B, C). \quad \blacksquare$$

定義 20. A, B, C を1直線上にない3点とする．このとき，集合

(線分 AB) ∪ (線分 BC) ∪ (線分 CA)

のことを，A, B, C を頂点とする**三角形**といい，△ABC で表わす（図 4.4）．△ABC に対し，線分 AB, 線分 BC, 線分 CA をその**辺**という．誤解のおそれのないときは，辺を単に AB, BC, CA と書くことが多い．

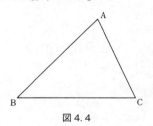

図 4.4

定理 20（ピタゴラス）．△ABC において，辺 AB と辺 AC とが A で直交するための必要十分条件は，

$$d(A, B)^2 + d(A, C)^2 = d(B, C)^2$$

が成り立つことである．

[証明] 必要なこと：AB と AC とが A で直交すれば，

$$(\overrightarrow{AB}, \overrightarrow{AC}) = 0.$$

よって

$$\begin{aligned}
d(B, C)^2 &= \|\overrightarrow{BC}\|^2 = \|\overrightarrow{BA} + \overrightarrow{AC}\|^2 \\
&= \|\overrightarrow{BA}\|^2 + 2(\overrightarrow{BA}, \overrightarrow{AC}) + \|\overrightarrow{AC}\|^2 \\
&= \|\overrightarrow{AB}\|^2 + \|\overrightarrow{AC}\|^2 \\
&= d(A, B)^2 + d(A, C)^2.
\end{aligned}$$

十分なこと：$d(B, C)^2 = d(A, B)^2 + d(A, C)^2$ とする．上の計算と同様にして，

$$d(B, C)^2 = d(A, B)^2 + 2(\overrightarrow{AB}, \overrightarrow{AC}) + d(A, C)^2.$$

よって，

$$(\overrightarrow{AB}, \overrightarrow{AC}) = 0,$$

すなわち

$$AB \perp AC$$

である． ∎

§5. 次元の公理群

1°. 次元の公理群

本節では、「次元の公理群」なるものを説明し、それらをこれまでに述べた公理につけ加えることによって出て来る主なことがらを説明する.

次元の公理群とは、われわれの取り扱う対象が「2次元」のものであること、つまり、点の集合 E が「平面」であることを明確にするためのものである.

それは、次の2つの公理からなる：

公理1. 1直線上にない3点が存在する.

公理2. 3点 A, B, C が1直線上にないならば、どのような点 D に対しても

$$\overrightarrow{AD} = \lambda\overrightarrow{AB} + \mu\overrightarrow{AC}$$

なる数 λ, μ がただ1組存在する.

注意1. この公理は次のことを示している：

ベクトル $\vec{a}, \vec{b}$ に対して、

$$\vec{a} = \overrightarrow{PQ}, \quad \vec{b} = \overrightarrow{PR}$$

なる点 P, Q, R をとったとき、P, Q, R が1直線上にないならば（すなわち、$\vec{a}, \vec{b}$ が互いに他のスカラー倍でないなら

ば), どのようなベクトル $\vec{c}$ も

$$\vec{c} = \lambda \vec{a} + \mu \vec{b}$$

という形にただ1通りに表わされる.

定理1. 1直線上にない3点 A, B, C, および数 λ, μ に対して

$$\lambda \overrightarrow{AB} + \mu \overrightarrow{AC} = \vec{0}$$

が成り立てば,

$$\lambda = \mu = 0$$

である.

[証明]

$$\lambda \overrightarrow{AB} + \mu \overrightarrow{AC} = \vec{0}$$

であったとすれば, これは

$$\overrightarrow{AA} = \lambda \overrightarrow{AB} + \mu \overrightarrow{AC}$$

と書くことができる. ところが, あきらかに

$$\overrightarrow{AA} = \vec{0} = 0\overrightarrow{AB} + 0\overrightarrow{AC}$$

よって, 公理2により

$$\lambda = 0, \quad \mu = 0$$

でなくてはならない. ∎

定理2. 交わらない2直線は平行である.

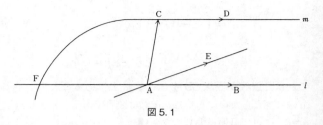

図 5.1

[証明] l, m を交わらない 2 直線とする（図 5.1）.

まず，l, m 上にそれぞれ相異なる 2 点 A, B；C, D をとり，ついで，

$$\overrightarrow{CD} = \overrightarrow{AE}$$

なる点 E をとれば，

$$\overrightarrow{AE} = \lambda \overrightarrow{AB} + \mu \overrightarrow{AC}$$

なる数 λ, μ がただ 1 組存在する.

さて，l と m とが平行であるということは，$\mu = 0$ であるということである. そこで，かりに $\mu \neq 0$ であったとしてみよう.

いま，l 上に

$$\overrightarrow{AF} = \left(-\frac{\lambda}{\mu}\right) \overrightarrow{AB}$$

なる点 F をとれば，

$$\overrightarrow{CF} = \overrightarrow{CA} + \overrightarrow{AF} = -\overrightarrow{AC} - \frac{\lambda}{\mu} \overrightarrow{AB}$$

$$= \left(-\frac{1}{\mu}\right)(\lambda\overrightarrow{AB}+\mu\overrightarrow{AC})$$

$$= \left(-\frac{1}{\mu}\right)\overrightarrow{AE} = \left(-\frac{1}{\mu}\right)\overrightarrow{CD}.$$

これは,点 F が直線 CD すなわち m 上にあることを示すものに他ならない.しかし,それは矛盾である.よって,$\mu=0$. これで証明はおわった. ∎

2°. 垂直な直線

定理 3. l, m, n が

$$l \perp m, \quad m \parallel n$$

なる 3 直線ならば,

$$l \perp n$$

である.

[証明] l と n とが交わることをいえばよい(図 5.2).そこで,かりに交わらなかったとしてみよう.すると,定理 2 により,

$$l \parallel n.$$

他方,$m \parallel n$ であるから

$$l \parallel m.$$

しかるに,l は m と交わるから,これは矛盾である. ∎

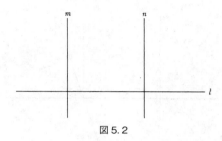

図 5.2

定理 4. 1 直線上の 1 点を通って，その直線に垂直な直線をただ 1 本引くことができる．

［証明］ l を直線，P をその上の 1 点とする．公理 1 により，l 上にない点があるから，その任意の 1 つを Q とし，Q を通って l に垂直な直線 m を引く．次に，P を通って，m に平行な直線 n を引く．すると，

$$l \perp m, \quad m \parallel n$$

であるから

$$l \perp n.$$

よって，n が求めるものである（図 5.3）．

もし，そのような直線がもう 1 本あったとし，n' としよう．l, n, n' 上にそれぞれ P と異なる点 R, S, T をとれば，P, R, S は 1 直線上にはないから，公理 2 によって，

$$\overrightarrow{PT} = \lambda \overrightarrow{PR} + \mu \overrightarrow{PS}$$

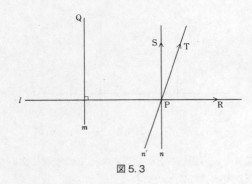

図 5.3

なる数 λ, μ が存在する．ゆえに

$$
\begin{aligned}
0 = (\overrightarrow{PR}, \overrightarrow{PT}) &= (\overrightarrow{PR}, \lambda\overrightarrow{PR}+\mu\overrightarrow{PS}) \\
&= \lambda(\overrightarrow{PR}, \overrightarrow{PR}) + \mu(\overrightarrow{PR}, \overrightarrow{PS}) \\
&= \lambda\|\overrightarrow{PR}\|^2.
\end{aligned}
$$

しかるに，$P \neq R$ だから，$\|\overrightarrow{PR}\|^2 \neq 0$．よって，$\lambda = 0$．したがって

$$\overrightarrow{PT} = \mu\overrightarrow{PS}.$$

これは，直線 n, n' が同一であることを示している． ∎

3°. 半平面

定義 1. l を直線；P, Q を l 外の 2 点とするとき，l 上のある 2 点 A, B に対して

$$\overrightarrow{\mathrm{AQ}} = \lambda\overrightarrow{\mathrm{AP}} + \mu\overrightarrow{\mathrm{AB}}, \quad \lambda > 0$$

なる数 λ, μ があるならば，P は Q と l に関して**同じ側**にあるという（図 5.4）．

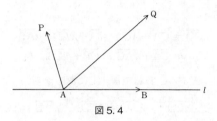

図 5.4

また，

$$\overrightarrow{\mathrm{AQ}} = \lambda\overrightarrow{\mathrm{AP}} + \mu\overrightarrow{\mathrm{AB}}, \quad \lambda < 0$$

なる λ, μ があるならば，P は Q と l に関して**反対側**にあるという（図 5.5）．

注意 2. 同じ側にあるとか，ないとかは，点 A, B のえら

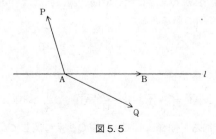

図 5.5

び方に依存しない．いま，l 上に A, B をえらんで

$$\overrightarrow{AQ} = \lambda \overrightarrow{AP} + \mu \overrightarrow{AB}, \quad \lambda > 0$$

となったとする．このとき，l 上に A, B の代りに C, D をえらべば

$$\begin{aligned}
\overrightarrow{CQ} &= \overrightarrow{CA} + \overrightarrow{AQ} = \overrightarrow{CA} + \lambda \overrightarrow{AP} + \mu \overrightarrow{AB} \\
&= \overrightarrow{CA} + \lambda \overrightarrow{AC} + \lambda \overrightarrow{CP} + \mu \overrightarrow{AB}. \quad (*)
\end{aligned}$$

しかるに，A, B ; C, D は直線 l 上にあるから

$$\overrightarrow{CA} = \alpha \overrightarrow{CD}, \quad \lambda \overrightarrow{AC} = \beta \overrightarrow{CD}, \quad \mu \overrightarrow{AB} = \gamma \overrightarrow{CD}$$

なる数 α, β, γ がある．よって，

$$(*) = \lambda \overrightarrow{CP} + (\alpha + \beta + \gamma) \overrightarrow{CD}, \quad \lambda > 0.$$

$\lambda < 0$ の場合も同じである．これは，A, B を C, D にかえても，状況はまったく同じであることを示すものに他ならない．

注意3. P が Q と l に関して同じ側にあれば，Q も P と l に関して同じ側にある：

$$\overrightarrow{AQ} = \lambda \overrightarrow{AP} + \mu \overrightarrow{AB}, \quad \lambda > 0$$

なる λ, μ があれば，

$$\overrightarrow{AP} = \frac{1}{\lambda} \overrightarrow{AQ} + \left(-\frac{\mu}{\lambda}\right) \overrightarrow{AB}, \quad \frac{1}{\lambda} > 0$$

だからである．同様にして，P が Q と l に関して反対側に

あれば，QもPとlに関して反対側にある．

注意 4. 上のような事情から，PとQはlに関して同じ側にあるとか，反対側にあるとかいう．

定理 5. PとQ，およびQとRがlに関して同じ側にあれば，PとRもlに関して同じ側にある．

定理 6. l, mをOで交わる2直線とする．このとき，l上の点P, QがOに関して同じ側にあるための必要十分条件は，それらが直線mに関して同じ側にあることである（図5.6）．

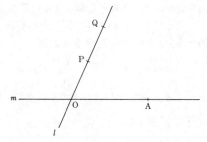

図 5.6

［証明］ まず，l上でP, QがOに関して同じ側にあれば，

$$\overrightarrow{OP} = \lambda \overrightarrow{OQ}, \quad \lambda > 0$$

なる数λが存在する．よって，

$$\overrightarrow{OP} = \lambda \overrightarrow{OQ} + 0\overrightarrow{OA}, \quad \lambda > 0$$

であるから，P, Q は m に関して同じ側にある．

また，l 上で P, Q が O に関して反対側にあれば，

$$\overrightarrow{OP} = \lambda \overrightarrow{OQ}, \quad \lambda < 0$$

なる数 λ が存在する．よって，

$$\overrightarrow{OP} = \lambda \overrightarrow{OQ} + 0\overrightarrow{OA}, \quad \lambda < 0$$

であるから，P, Q は m に関して反対側にある．■

定理7． l に関し，P, Q が同じ側にあるための必要十分条件は，開線分 PQ が l と共有点をもたないことである．

[証明] 必要なこと：P, Q が l に関して同じ側にあるとする．このとき，l 上に2点 A, B をとれば，

$$\overrightarrow{AQ} = \lambda \overrightarrow{AP} + \mu \overrightarrow{AB}, \quad \lambda > 0$$

なる数 λ, μ がある．開線分 PQ 上の点 X に対しては，

$$\overrightarrow{AX} = \alpha \overrightarrow{AP} + (1-\alpha)\overrightarrow{AQ}, \quad 0 < \alpha < 1$$

なる数 α があるが，この式を変形すると

$$\begin{aligned}\overrightarrow{AX} &= \alpha \overrightarrow{AP} + (1-\alpha)(\lambda \overrightarrow{AP} + \mu \overrightarrow{AB}) \\ &= (\alpha + (1-\alpha)\lambda)\overrightarrow{AP} + (1-\alpha)\mu \overrightarrow{AB}.\end{aligned}$$

しかるに，$\alpha + (1-\alpha)\lambda > 0$ であるから，X は l 上にない．したがって，l は開線分 PQ と共有点をもたない．

十分なこと：対偶を証明する．P, Q が l に関して反対側にあるとすれば，

$$\overrightarrow{AQ} = \lambda \overrightarrow{AP} + \mu \overrightarrow{AB}, \quad \lambda < 0$$

なる λ, μ がある.

ところで,直線 PQ 上のどの点 X に対しても

$$\overrightarrow{AX} = \alpha \overrightarrow{AP} + (1-\alpha) \overrightarrow{AQ}$$

なる数 α があるが,この式を変形すると

$$\begin{aligned}\overrightarrow{AX} &= \alpha \overrightarrow{AP} + (1-\alpha)(\lambda \overrightarrow{AP} + \mu \overrightarrow{AB}) \\ &= (\alpha + (1-\alpha)\lambda) \overrightarrow{AP} + (1-\alpha)\mu \overrightarrow{AB}.\end{aligned}$$

ところで,

$$\alpha + (1-\alpha)\lambda = 0$$

を α について解けば,

$$\alpha = \frac{-\lambda}{1-\lambda}$$

であるが,$\lambda < 0$ であるから,あきらかに $0 < \alpha < 1$. よって,この α に対応する X は開線分 PQ 上の点である.そして,この X に対しては

$$\overrightarrow{AX} = (1-\alpha)\mu \overrightarrow{AB}$$

であるから,この X は l 上にある.よって,開線分 PQ と l とは共有点 X をもつ. ∎

注意 5. 上の証明から,P, Q が l に関して同じ側にあれば,開線分 PQ も,P, Q を含む側にすっぽり含まれること

がわかる.

定理8. PとQ,およびPとRがlに関して反対側にあれば,QとRはlに関して同じ側にある.

[証明] 仮定により,

$$\overrightarrow{AQ} = \lambda\overrightarrow{AP}+\mu\overrightarrow{AB}, \quad \lambda < 0,$$
$$\overrightarrow{AR} = \lambda'\overrightarrow{AP}+\mu'\overrightarrow{AB}, \quad \lambda' < 0$$

なる数$\lambda,\mu;\lambda',\mu'$があり,開線分QR上の点Xに対しては

$$\overrightarrow{AX} = \alpha\overrightarrow{AQ}+(1-\alpha)\overrightarrow{AR}, \quad 0 < \alpha < 1$$

なる数αがある.よって,

$$\overrightarrow{AX} = \alpha(\lambda\overrightarrow{AP}+\mu\overrightarrow{AB})+(1-\alpha)(\lambda'\overrightarrow{AP}+\mu'\overrightarrow{AB})$$
$$= (\alpha\lambda+(1-\alpha)\lambda')\overrightarrow{AP}+(\alpha\mu+(1-\alpha)\mu')\overrightarrow{AB}.$$

しかるに,$\lambda,\lambda'<0$, $0<\alpha<1$であるから,

$$\alpha\lambda+(1-\alpha)\lambda' < 0.$$

したがって,Xはl上にない.つまり,開線分QRはlと共有点をもたない.ゆえに,Q,Rはlに関して同じ側にある. ∎

定理9. lに関してPとQが同じ側にあり,QとRが反対側にあれば,PとRは反対側にある.

[証明] PとRがlに関して同じ側にあれば,定理5により,QとRも同じ側にあることになって矛盾するからである. ∎

定義2. lを直線とする.このとき,次の条件を満たす平面の部分集合Hを,lをへりとする**開半平面**という.

(1) $H \neq \emptyset$.

(2) $A, B \in H$ ならば,A, Bはlに関して同じ側にある.

(3) $A \in H$で,BがAとlに関して同じ側にあれば,$B \in H$.

定義3. lをへりとする開半平面Hに対し,

$$H \cup l$$

を,lをへりとする**半平面**といい,Hをその**内部**という.Hを内部とする半平面を$\overline{H}$とも書く.

定理10. どのような直線lに対しても,lをへりとする次のような半平面$\overline{H_1}, \overline{H_2}$が存在する.

(1) $\overline{H_1} \cup \overline{H_2} = \boldsymbol{E}$.

(2) $\overline{H_1} \cap \overline{H_2} = l$.

(3) lをへりとする半平面は,$\overline{H_1}, \overline{H_2}$以外にない.

[証明] Pをl外の点とし,

$H_1 = \{X \mid X は l に関して P と同じ側にある\}$,
$H_2 = \{X \mid X は l に関して P と反対側にある\}$

とおけば,$\overline{H_1}, \overline{H_2}$は$l$をへりとする半平面で,条件 (1),(2) を満たすことはあきらかである.

いま,$\overline{H}$を,lをへりとする半平面とし,QをHの任意の点とする.(1), (2) より,QはH_1, H_2のどちらか一方に属するが,まずH_1に属するとする.すると,

$$H = \{X \mid X \text{ は } l \text{ に関して } Q \text{ と同じ側にある}\} = H_1.$$

よって

$$\overline{H} = \overline{H_1}.$$

Q が H_2 に属するときも同様である. ∎

定義 4. P が直線 l 外の 1 点のとき,P を含み l をへりとする開半平面を,「l の P を含む側」という.また,l に関して P と反対側にある点全体からなる開半平面を「l の P を含まない側」という.

4°. 角と余弦

定義 5. 同じ端点 O をもつ 2 つの半直線 h, k の集合

$$\{h, k\}$$

のことを,O を頂点,h, k を辺とする **2 辺形**といい,

$$hk \quad \text{または} \quad kh$$

で表わす(図 5.7).

定義 6. hk を,O を頂点とし,その辺 h, k が台を異にする 2 辺形とし,h, k の上にそれぞれ点 A, B を任意にとる.このとき,直線 OA の B を含む側と,直線 OB の A を含む側との共通部分を,2 辺形 hk の**凸部**といい,

$$\boldsymbol{E} - (h \cup k \cup \{hk \text{ の凸部}\})$$

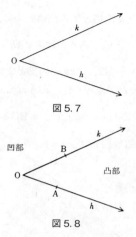

図 5.7

図 5.8

を hk の凹部という（図 5.8）．

注意 5． 凸部，凹部は，点 A, B のえらび方に関係せず，ただ 1 通りに定まる．

2 辺形 hk の辺 h, k の台が一致すれば，$h = k$ であるか，$h \cup k$ が 1 直線をなすか，いずれかである．

注意 6． 2 辺形 hk の辺 h, k の台が一致する場合には，hk の凸部，凹部は定義しない．

定義 7． O を頂点とする 2 辺形 hk の辺 h, k の台が一致しないとき，組

$$(hk, hk \text{ の凸部})$$

を，Oを**頂点**，h, k を**辺**とする**凸角**といい，

$$\angle hk \quad \text{あるいは} \quad \angle kh$$

で表わす．hk の凸部は，$\angle hk$ の**内部**とよばれる．また，h が半直線 OA，k が半直線 OB のときは，$\angle hk$ のことを

$$\angle \text{AOB} \quad \text{または} \quad \angle \text{BOA}$$

と書くことがある（図 5.9）．

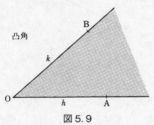

図 5.9

定義 8. O を頂点とする 2 辺形 hk の辺 h, k の台が一致しないとき，組

$$(hk, hk \text{ の凹部})$$

を，O を**頂点**，h, k を**辺**とする**凹角**といい，

$$\backsim hk \quad \text{または} \quad \backsim kh$$

と書く．hk の凹部は，$\backsim hk$ の**内部**とよばれる．また，h が半直線 OA，k が半直線 OB のときは，$\backsim hk$ のことを

∡AOB または ∡BOA

と書くことがある（図 5.10）.

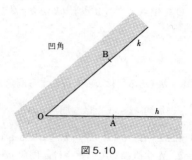

図 5.10

定義 9. O を頂点とする 2 辺形 hk が $h=k$ を満たすとき, 組

$$(hk, \emptyset)$$

を, O を**頂点**, h（あるいは k）を**辺**とする**零角**といい,

零角 hk または 零角 kh

と書く（図 5.11）. $\emptyset$ はその**内部**とよばれる. また, $h\,(=k)$ が半直線 OA のときは, 零角 hk のことを

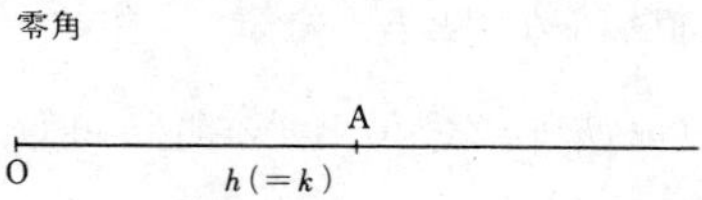

図 5.11

零角 AOA

と書くことがある.

定義 10. O を頂点とする 2 辺形 hk が $h=k$ を満たすとき,組

$$(hk, \boldsymbol{E}-h)$$

を,O を頂点,h(あるいは k)を辺とする**周角**といい,

周角 hk　または　周角 kh

と書く(図 5.12).$\boldsymbol{E}-h$ は,周角 hk の**内部**とよばれる.また,h($=k$)が半直線 OA のときは,周角 hk のことを

周角 AOA

と書くことがある.

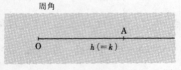

図 5.12

定義 11. O を頂点とする 2 辺形 hk の 2 辺 h, k の和集合 $h \cup k$ が 1 直線をなすとき,組

$(hk, h \cup k$ をへりとする開半平面)　　(∗)

を,O を頂点,h, k を辺とする**平角**といい,

§5. 次元の公理群

平角 hk　または　平角 kh

と書く. 組（*）にあらわれる開半平面はその**内部**とよばれる. また, h が半直線 OA, k が半直線 OB のときは, 平角 hk のことを

平角 AOB　または　平角 BOA

と書くことがある（図 5.13）.

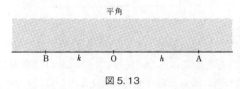

図 5.13

注意 7. O を頂点とする 2 辺形 hk の 2 辺 h, k の和集合 $h \cup k$ が 1 直線をなす場合, $h \cup k$ をへりとする開半平面は 2 つある. したがって, 平角 hk, あるいは平角 AOB と書くときは, その内部が, 直線 $h \cup k$ をへりとする開半平面のうちのどちらであるかを明確にしておかなければならない.

注意 8. 零角を「つぶれた角」ということがある.

注意 9. 零角, 凸角, 平角のことを単に「角」ということが多い. しかし, そのうちから零角と平角とを除外して, 凸角のことを角ということもある. かと思えば, 当然のことながら, 零, 凸, 平, 凹, 周のすべての角を角と総称することもあるから, 混乱しないよう, 場合場合に応じて前

後関係から正しく判断するようにしなければならない．

定理11. 点 P, Q が ∠AOB の内部にあれば，開線分 PQ もまた ∠AOB の内部にある（図 5.14）．

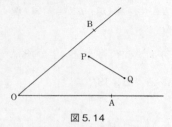

図 5.14

[証明] P, Q は直線 OA の B を含む側にあるから，開線分 PQ もその側にある．同様にして，P, Q は直線 OB の A を含む側にあるから，開線分 PQ もその側にある．よって，開線分 PQ は ∠AOB の内部にある．∎

定義12. 一般に，点 P を通り直線 l に垂直な直線と l との交点 H を，P の l への**正射影**という．また，P が l 上にないときは，線分 PH を P から l におろした**垂線**といい，H をその**足**という（図 5.15）．

今後しばらくの間，「角」という言葉を，零角，凸角，平角，凹角，周角を総称するものとして用いることにする．そして，O を頂点とする 2 辺形 hk から作られた角を，

$$\text{角 } hk, \quad \text{角 AOB}$$

のように書く．

定理12. 角 AOB の辺 OA, OB 上に任意に点 P, Q をと

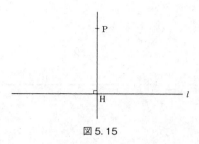

図 5.15

り，Pの直線OBへの正射影をP′，Qの直線OAへの正射影をQ′とすれば（図5.16, 17），

$$(\overrightarrow{OP}, \overrightarrow{OQ}) = (\overrightarrow{OP'}, \overrightarrow{OQ})$$
$$= (\overrightarrow{OP}, \overrightarrow{OQ'}).$$

[証明] 角AOBが零角，平角，周角の場合はあきらかであるから，凸角および凹角の場合についてのみ考えればよい．

さて，

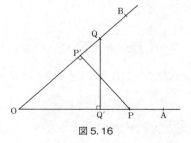

図 5.16

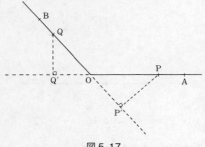

図 5.17

$$(\overrightarrow{OP}, \overrightarrow{OQ}) = (\overrightarrow{OP'} + \overrightarrow{P'P}, \overrightarrow{OQ})$$
$$= (\overrightarrow{OP'}, \overrightarrow{OQ}) + (\overrightarrow{P'P}, \overrightarrow{OQ}),$$

しかるに,直線 PP′ と直線 OQ とは直交するから,

$$(\overrightarrow{P'P}, \overrightarrow{OQ}) = 0.$$

したがって

$$(\overrightarrow{OP}, \overrightarrow{OQ}) = (\overrightarrow{OP'}, \overrightarrow{OQ}).$$

同様にして

$$(\overrightarrow{OP}, \overrightarrow{OQ}) = (\overrightarrow{OP}, \overrightarrow{OQ'}). \quad \blacksquare$$

定理 13. 点 O を端点とする半直線 h の上に

$$\|\overrightarrow{OA}\| = 1$$

であるような点 A がただ 1 つ存在する.

[証明] h 上に O と異なる点 P を任意にとり

$$\overrightarrow{OA} = \frac{1}{\|\overrightarrow{OP}\|}\overrightarrow{OP}$$

なる点 A をとれば,

$$\|\overrightarrow{OA}\| = \left\|\frac{1}{\|\overrightarrow{OP}\|}\overrightarrow{OP}\right\| = \frac{1}{\|\overrightarrow{OP}\|}\|\overrightarrow{OP}\| = 1.$$

他方, h 上に $\|\overrightarrow{OB}\|=1$ なる点 B があったとすれば

$$\overrightarrow{OB} = \lambda\overrightarrow{OA}, \quad \lambda > 0$$

なる数 λ があるはずであるが,

$$1 = \|\overrightarrow{OB}\| = \|\lambda\overrightarrow{OA}\| = \lambda\|\overrightarrow{OA}\| = \lambda.$$

よって,

$$\overrightarrow{OB} = \overrightarrow{OA}.$$

したがって,

$$B = A. \blacksquare$$

注意 10. 上の証明から次のことがわかる：
$\vec{a} \neq \vec{0}$ のとき

$$\vec{b} = \frac{1}{\|\vec{a}\|}\vec{a}$$

とおけば, $\|\vec{b}\|=1$ である.

定義 13. 角 AOB の辺 OA, OB の上に, それぞれ点 P, Q をとって,

$$\|\overrightarrow{\mathrm{OP}}\| = \|\overrightarrow{\mathrm{OQ}}\| = 1$$

となるようにする．このとき，内積

$$(\overrightarrow{\mathrm{OP}}, \overrightarrow{\mathrm{OQ}})$$

を，角 AOB の **余弦** といい

$$\cos(\text{角 AOB})$$

と書く．

注意 11. 実際には，この記法は

$$\cos(\angle \mathrm{AOB}), \qquad \cos(\angle hk),$$
$$\cos(\narrowangle \mathrm{AOB}), \qquad \cos(\narrowangle hk),$$
$$\cos(\text{平角 AOB}), \qquad \cos(\text{平角 } hk)$$

のような形で用いられる．また，角を $a, b, \cdots\cdots$ などと書いたときは，簡単のために

$$\cos a, \ \cos b, \ \cdots\cdots$$

と書く．

定理 14. 角 AOB の辺 OA, OB 上に，それぞれ点 P, Q をとって，

$$\|\overrightarrow{\mathrm{OP}}\| = \|\overrightarrow{\mathrm{OQ}}\| = 1$$

となるようにする．このとき，P の直線 OB 上への正射影を P′，Q の直線 OA 上への正射影を Q′ とし，

$$\overrightarrow{\mathrm{OP'}} = \lambda \overrightarrow{\mathrm{OQ}}, \quad \overrightarrow{\mathrm{OQ'}} = \mu \overrightarrow{\mathrm{OP}}$$

なる数 λ, μ をとれば

$$\cos(\text{角 AOB}) = \lambda = \mu.$$

[証明] 定義により

$$\cos(\text{角 AOB}) = (\overrightarrow{\mathrm{OP}}, \overrightarrow{\mathrm{OQ}})$$

であるが,

$$\begin{aligned}
(\overrightarrow{\mathrm{OP}}, \overrightarrow{\mathrm{OQ}}) &= (\overrightarrow{\mathrm{OP'}}, \overrightarrow{\mathrm{OQ}}) = (\lambda \overrightarrow{\mathrm{OQ}}, \overrightarrow{\mathrm{OQ}}) \\
&= \lambda(\overrightarrow{\mathrm{OQ}}, \overrightarrow{\mathrm{OQ}}) = \lambda \|\overrightarrow{\mathrm{OQ}}\|^2 = \lambda, \\
(\overrightarrow{\mathrm{OP}}, \overrightarrow{\mathrm{OQ}}) &= (\overrightarrow{\mathrm{OP}}, \overrightarrow{\mathrm{OQ'}}) = (\overrightarrow{\mathrm{OP}}, \mu \overrightarrow{\mathrm{OP}}) \\
&= \mu(\overrightarrow{\mathrm{OP}}, \overrightarrow{\mathrm{OP}}) = \mu \|\overrightarrow{\mathrm{OP}}\|^2 = \mu.
\end{aligned}$$

よって,

$$\cos(\text{角 AOB}) = \lambda = \mu. \quad \blacksquare$$

注意 12. 定理 14 の半直線 OA 上に $\overrightarrow{\mathrm{OR}} = \nu \overrightarrow{\mathrm{OP}}$ なる点 R をとり, R の直線 OB 上への正射影を R' とすれば

$$\begin{aligned}
\overrightarrow{\mathrm{OR'}} &= \{\nu \cos(\text{角 AOB})\} \overrightarrow{\mathrm{OQ}} \\
&= \{\overline{\mathrm{OR}} \cos(\text{角 AOB})\} \overrightarrow{\mathrm{OQ}},
\end{aligned}$$

したがって

$$\overline{\mathrm{OR'}} = \overline{\mathrm{OR}} |\cos(\text{角 AOB})|$$

である.

定理 15. 任意の角 AOB に対して次の式が成り立つ:

$$\cos(\text{角 AOB}) = \frac{(\overrightarrow{OA}, \overrightarrow{OB})}{\|\overrightarrow{OA}\|\|\overrightarrow{OB}\|}.$$

［証明］ 角 AOB の辺 OA, OB 上に

$$\overrightarrow{OP} = \frac{\overrightarrow{OA}}{\|\overrightarrow{OA}\|}, \quad \overrightarrow{OQ} = \frac{\overrightarrow{OB}}{\|\overrightarrow{OB}\|}$$

なる点 P, Q をとれば,$\|\overrightarrow{OP}\|=\|\overrightarrow{OQ}\|=1$ であるから,定義により

$$\cos(\text{角 AOB}) = (\overrightarrow{OP}, \overrightarrow{OQ}).$$

しかるに

$$(\overrightarrow{OP}, \overrightarrow{OQ}) = \left(\frac{\overrightarrow{OA}}{\|\overrightarrow{OA}\|}, \frac{\overrightarrow{OB}}{\|\overrightarrow{OB}\|}\right) = \frac{(\overrightarrow{OA}, \overrightarrow{OB})}{\|\overrightarrow{OA}\|\|\overrightarrow{OB}\|}$$

であるから

$$\cos(\text{角 AOB}) = \frac{(\overrightarrow{OA}, \overrightarrow{OB})}{\|\overrightarrow{OA}\|\|\overrightarrow{OB}\|}.$$

注意 13. 上の定理から,次の式がえられる:

$$|\cos(\text{角 AOB})| \leq 1,$$
$$(\overrightarrow{OA}, \overrightarrow{OB}) = \|\overrightarrow{OA}\|\|\overrightarrow{OB}\|\cos(\text{角 AOB}).$$

定義から,$\cos(\text{角 } hk)$ は 2 辺形 hk のみによって定まる.したがって,

$$\cos(\angle hk) = \cos(\backsmile hk),$$

$$\cos(\text{零角 } hk) = \cos(\text{周角 } hk)$$

であり,かつ,平角 hk に対しては,その内部が直線 $h \cup k$ のどちらの側であっても,その余弦は等しい.

定義 14. $\angle hk$ は $h \perp k$ であるとき**直角**とよばれる.

定理 16. 次のことがらが成り立つ:

(1) $\cos(\text{零角 } hk) = \cos(\text{周角 } hk) = 1$.

(2) $\cos(\text{平角 } hk) = -1$.

(3) $\angle hk$ が直角ならば,$\cos(\angle hk) = 0$.

今後しばらくの間,「角」といえば「凸角」をさすものとする.

定義 15. $\angle \mathrm{AOB}$ に対し,次のような半直線 OC を考える.

(1) C は直線 OA に関して B と同じ側にある.

(2) $\angle \mathrm{AOC}$ は直角である.

このとき,B が直線 OC に関して A と同じ側にあるならば,$\angle \mathrm{AOB}$ は**鋭角**であるといい,反対側にあるならば,$\angle \mathrm{AOB}$ は**鈍角**であるという (図 5.18).

定理 17. $\angle hk$ が鋭角ならば

$$\cos(\angle hk) > 0$$

であり,鈍角ならば

$$\cos(\angle hk) < 0$$

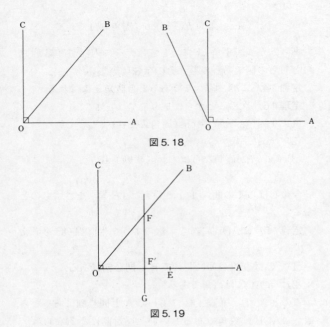

図 5.18

図 5.19

である.

[証明] $\angle hk$ を $\angle AOB$ の形に書き, C を, 直線 OA に関して B と同じ側にあり, かつ $\angle AOC$ が直角であるような点とする(図 5.19).

このとき, 半直線 OA, OB 上にそれぞれ点 E, F をとって

$$\|\overrightarrow{OE}\| = \|\overrightarrow{OF}\| = 1$$

であるようにしよう. F を通って直線 OC に平行な直線 FG をひけば,

$$\text{直線 OA} \perp \text{直線 OC}, \quad \text{直線 OC} \parallel \text{直線 FG}$$

であるから,直線 OA と直線 FG とは直交する. よって,その交点を F′ とすれば, F′ は F の直線 OA 上への正射影である.

さて,ここで $\angle \text{AOB}$ が鋭角であるとすれば, F は直線 OC に関して A と同じ側にあるから, F′ も同じ側にある. よって,

$$\overrightarrow{OF'} = \lambda \overrightarrow{OE}, \quad \lambda > 0$$

なる数 λ がある.

したがって,

$$\cos(\angle \text{AOB}) = (\overrightarrow{OE}, \overrightarrow{OF}) = (\overrightarrow{OE}, \overrightarrow{OF'})$$
$$= \lambda(\overrightarrow{OE}, \overrightarrow{OE}) = \lambda > 0.$$

鈍角の場合,

$$\cos(\angle \text{AOB}) < 0$$

となることも同様にして知られる. ∎

5°. 三角形

定義 16. $\triangle \text{ABC}$ において, $\angle \text{BAC}$, $\angle \text{CBA}$, $\angle \text{ACB}$ をその**内角**または単に**角**といい,簡単に

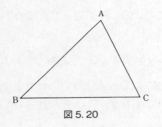

図 5.20

$$\angle A, \quad \angle B, \quad \angle C$$

で表わす(図 5.20).

定義 17. ∠A, ∠B, ∠C の内部の共通部分を △ABC の**内部**という.また,

$$\boldsymbol{E} - ((\triangle ABC の内部) \cup AB \cup BC \cup CA)$$

を △ABC の**外部**という.

定理 18. △ABC の内部は,その 2 つの内角の共通部分と一致する.

[証明] 点 X が ∠A の内部と ∠B の内部の共通部分にあったとすれば,点 X は,直線 AC に関して点 B と同じ側にあり,直線 BC に関して点 A と同じ側にある.これは

$$(\angle A の内部) \cap (\angle B の内部) \subseteqq \triangle ABC の内部$$

であることを示している.

$$(\angle A の内部) \cap (\angle B の内部) \supseteqq \triangle ABC の内部$$

はあきらかであるから,

$$(\angle A \text{ の内部}) \cap (\angle B \text{ の内部}) = \triangle ABC \text{ の内部}.$$

$(\angle B \text{ の内部}) \cap (\angle C \text{ の内部})$, $(\angle C \text{ の内部}) \cap (\angle A \text{ の内部})$ についても同様である. ∎

定理 19. $\triangle ABC$ を任意の三角形, O を任意の点とすれば, 平面上の任意の点 X に対して, つねに

$$\overrightarrow{OX} = \lambda\overrightarrow{OA} + \mu\overrightarrow{OB} + \nu\overrightarrow{OC}, \quad \lambda + \mu + \nu = 1$$

なる数 λ, μ, ν がただ 1 組存在する.

[証明] $\overrightarrow{OX} = \overrightarrow{OA} + \overrightarrow{AX}$.

また, 3 点 A, B, C は 1 直線上にないから

$$\overrightarrow{AX} = \mu\overrightarrow{AB} + \nu\overrightarrow{AC}$$

なる数 μ, ν がある. よって

$$\begin{aligned}\overrightarrow{OX} &= \overrightarrow{OA} + \mu\overrightarrow{AB} + \nu\overrightarrow{AC} \\ &= \overrightarrow{OA} + \mu(\overrightarrow{AO} + \overrightarrow{OB}) + \nu(\overrightarrow{AO} + \overrightarrow{OC}) \\ &= (1-\mu-\nu)\overrightarrow{OA} + \mu\overrightarrow{OB} + \nu\overrightarrow{OC}.\end{aligned}$$

よって, $\lambda = 1 - \mu - \nu$ とおけば

$$\overrightarrow{OX} = \lambda\overrightarrow{OA} + \mu\overrightarrow{OB} + \nu\overrightarrow{OC}, \quad \lambda + \mu + \nu = 1.$$

次に, もし別の表わし方

$$\overrightarrow{OX} = \lambda'\overrightarrow{OA} + \mu'\overrightarrow{OB} + \nu'\overrightarrow{OC}, \quad \lambda' + \mu' + \nu' = 1$$

があったとすれば，

$$(\lambda-\lambda')\overrightarrow{OA}+(\mu-\mu')\overrightarrow{OB}+(\nu-\nu')\overrightarrow{OC} = \vec{0},$$
$$(\lambda-\lambda')+(\mu-\mu')+(\nu-\nu') = 0.$$

ここで，もし $\lambda \neq \lambda'$ ならば

$$\overrightarrow{OA} = \left(-\frac{\mu-\mu'}{\lambda-\lambda'}\right)\overrightarrow{OB}+\left(-\frac{\nu-\nu'}{\lambda-\lambda'}\right)\overrightarrow{OC}.$$

しかし，

$$\left(-\frac{\mu-\mu'}{\lambda-\lambda'}\right)+\left(-\frac{\nu-\nu'}{\lambda-\lambda'}\right) = -\frac{(\mu-\mu')+(\nu-\nu')}{\lambda-\lambda'}$$
$$= \frac{\lambda-\lambda'}{\lambda-\lambda'} = 1$$

であるから，これは，A が直線 BC 上にあることを示す．これは矛盾であるから，

$$\lambda = \lambda'.$$

同様にして，$\mu = \mu'$, $\nu = \nu'$ である． ∎

注意 14. 上の λ, μ, ν は，点 O のえらび方に依存しない．とくに，O として，A, B, C のどれかをとってもよいことはもちろんである．

定理 20. △ABC を任意の三角形，O を任意の点とすれば，点 X が △ABC の内部にあるための必要十分条件は

$$\overrightarrow{OX} = \lambda\overrightarrow{OA}+\mu\overrightarrow{OB}+\nu\overrightarrow{OC},$$
$$\lambda+\mu+\nu = 1, \quad \lambda > 0, \; \mu > 0, \; \nu > 0$$

なる数 λ, μ, ν があることである．

　［証明］　X を △ABC の内部の任意の点とすれば，上の定理により，

$$\overrightarrow{OX} = \lambda\overrightarrow{OA} + \mu\overrightarrow{OB} + \nu\overrightarrow{OC}, \quad \lambda + \mu + \nu = 1$$

なる数 λ, μ, ν がただ 1 組存在する．

　ところで，△ABC の内部の定義により，X は ∠ABC の内部にある．よって，

$$\overrightarrow{BX} = \alpha\overrightarrow{BA} + \beta\overrightarrow{BC}, \quad \alpha > 0, \ \beta > 0$$

なる数 α, β が存在する．ゆえに，

$$\begin{aligned}
\overrightarrow{OX} &= \overrightarrow{OB} + \overrightarrow{BX} \\
&= \overrightarrow{OB} + \alpha\overrightarrow{BA} + \beta\overrightarrow{BC} \\
&= \overrightarrow{OB} + \alpha(\overrightarrow{BO} + \overrightarrow{OA}) + \beta(\overrightarrow{BO} + \overrightarrow{OC}) \\
&= \alpha\overrightarrow{OA} + (1 - \alpha - \beta)\overrightarrow{OB} + \beta\overrightarrow{OC}.
\end{aligned}$$

そして

$$\alpha + (1 - \alpha - \beta) + \beta = 1.$$

ところが，$\overrightarrow{OX}$ を $\overrightarrow{OA}, \overrightarrow{OB}, \overrightarrow{OC}$ で表わす仕方はただ 1 通りであるから

$$\lambda = \alpha > 0, \quad \nu = \beta > 0.$$

　他の角に注目すれば，$\mu > 0$ もえられる．

　逆に，

$$\overrightarrow{OX} = \lambda\overrightarrow{OA}+\mu\overrightarrow{OB}+\nu\overrightarrow{OC},$$
$$\lambda+\mu+\nu = 1, \quad \lambda > 0, \ \mu > 0, \ \nu > 0$$

なる数 λ, μ, ν があるとしよう．そうすれば，

$$\begin{aligned}\overrightarrow{OB}+\overrightarrow{BX} &= \lambda(\overrightarrow{OB}+\overrightarrow{BA})+\mu\overrightarrow{OB}+\nu(\overrightarrow{OB}+\overrightarrow{BC}) \\ &= (\lambda+\mu+\nu)\overrightarrow{OB}+\lambda\overrightarrow{BA}+\nu\overrightarrow{BC} \\ &= \overrightarrow{OB}+\lambda\overrightarrow{BA}+\nu\overrightarrow{BC}\end{aligned}$$

よって

$$\overrightarrow{BX} = \lambda\overrightarrow{BA}+\nu\overrightarrow{BC}, \quad \lambda, \ \nu > 0$$

したがって，X は ∠ABC の内部にある．他の角の内部にあることも同様にして知られる．

ゆえに，X は △ABC の内部にある． ∎

定理 21. △ABC のどの頂点をも通らない直線 l が辺 AB と交われば，それは辺 AC か BC のいずれか一方と交わり，それら 2 つの交点を端点とする開線分は，△ABC の内部にある（図 5.21）．

[証明] 開線分 AB が l と交わるのだから，A と B とは l に関して反対側にある．よって，C は，A と同じ側にあるか B と同じ側にあるかいずれかである．

もし前者ならば，C は B と反対側にあるから，開線分 BC は l と交わり，開線分 AC は l と交わらない．

もし後者ならば，開線分 BC は l と交わらず，開線分 AC は l と交わる．

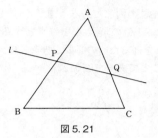

図 5.21

いま,簡単のために,l が開線分 AC と交わるものとし,その交点を Q,l と開線分 AB との交点を P としよう.すると,任意の点 O に対して

$$\overrightarrow{OP} = \lambda\overrightarrow{OA} + (1-\lambda)\overrightarrow{OB}, \quad 0 < \lambda < 1,$$
$$\overrightarrow{OQ} = \mu\overrightarrow{OA} + (1-\mu)\overrightarrow{OC}, \quad 0 < \mu < 1$$

なる数 λ, μ が存在する.また,開線分 PQ 上の点 X に対しては,次のような数 α が存在する:

$$\overrightarrow{OX} = \alpha\overrightarrow{OP} + (1-\alpha)\overrightarrow{OQ}, \quad 0 < \alpha < 1.$$

これを変形すれば,

$$\begin{aligned}\overrightarrow{OX} &= \alpha(\lambda\overrightarrow{OA} + (1-\lambda)\overrightarrow{OB}) \\ &\quad + (1-\alpha)(\mu\overrightarrow{OA} + (1-\mu)\overrightarrow{OC}) \\ &= (\alpha\lambda + (1-\alpha)\mu)\overrightarrow{OA} + \alpha(1-\lambda)\overrightarrow{OB} \\ &\quad + (1-\alpha)(1-\mu)\overrightarrow{OC}.\end{aligned}$$

ところが,これらの係数はすべて正で,その和は 1.よっ

て，X は △ABC の内部にある．■

定理 22. △ABC の頂点 A を端点とする開半直線 AX が ∠A の内部を通るための必要十分条件は，AX が開線分 BC と交わることである（図 5.22）．

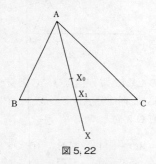

図 5.22

［証明］　半直線 AX が ∠A の内部を通るとする．いま，その上に任意に 1 点 X_0 を固定すれば，

$$\overrightarrow{AX_0} = \mu_0 \overrightarrow{AB} + \nu_0 \overrightarrow{AC}, \quad \mu_0 > 0, \ \nu_0 > 0$$

なる数 μ_0, ν_0 が存在する．また，開半直線 AX は

$$\{X \mid \overrightarrow{AX} = \lambda \overrightarrow{AX_0}, \ \lambda > 0 \text{ なる } \lambda \text{ が存在する}\}$$

と表わされる．

ここで，

$$\lambda_0 \mu_0 + \lambda_0 \nu_0 = \lambda_0 (\mu_0 + \nu_0) = 1$$

なる数 λ_0 をえらべば，もちろん $\lambda_0 > 0$ であって，

$$\lambda_0 \overrightarrow{AX_0} = \lambda_0\mu_0 \overrightarrow{AB} + \lambda_0\nu_0 \overrightarrow{AC},$$
$$\lambda_0\mu_0 + \lambda_0\nu_0 = 1, \quad \lambda_0\mu_0 > 0, \ \lambda_0\nu_0 > 0.$$

よって,

$$\overrightarrow{AX_1} = \lambda_0 \overrightarrow{AX_0}$$

なる点 X_1 は開半直線 AX 上にあって, かつ, 開線分 BC 上にもある. ゆえに, AX は, 開線分 BC と点 X_1 で交わる.

逆に, 開半直線 AX が開線分 BC とある点 X_1 で交わるとする. すると, 当然

$$\overrightarrow{AX_1} = \mu_1 \overrightarrow{AB} + \nu_1 \overrightarrow{AC},$$
$$\mu_1 + \nu_1 = 1, \quad \mu_1 > 0, \ \nu_1 > 0$$

なる数 μ_1, ν_1 がある. また

　開半直線 AX
　　　$= \{X | \overrightarrow{AX} = \lambda \overrightarrow{AX_1}, \ \lambda > 0$ なる λ がある$\}$.

よって, AX 上のどの点 X' に対しても,

$$\overrightarrow{AX'} = \lambda' \overrightarrow{AX_1}, \quad \lambda' > 0$$

なる数 λ' があるから

$$\overrightarrow{AX'} = \lambda' \overrightarrow{AX_1} = \lambda'\mu_1 \overrightarrow{AB} + \lambda'\nu_1 \overrightarrow{AC},$$
$$\lambda'\mu_1 > 0, \ \lambda'\nu_1 > 0.$$

これは，AX が ∠A の内部を通るということに他ならない． ∎

定理 23. △ABC の頂点 A と開線分 BC 上の任意の点を結ぶ開線分は △ABC の内部にある（図 5.23）．

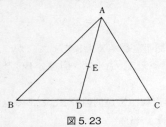

図 5.23

[証明] 開線分 BC 上の任意の点を D とする．開線分 AD 上の任意の点を E とすれば，

$$\overrightarrow{OE} = \lambda\overrightarrow{OA} + \mu'\overrightarrow{OD},$$
$$\lambda + \mu' = 1, \quad \lambda > 0, \ \mu' > 0$$

なる数 λ, μ' がある．しかるに，D は開線分 BC 上の点であるから，

$$\overrightarrow{OD} = \mu''\overrightarrow{OB} + \nu'\overrightarrow{OC},$$
$$\mu'' + \nu = 1, \quad \mu'' > 0, \ \nu > 0$$

なる μ'', ν がある．よって，$\mu'\mu'' = \mu$, $\mu'\nu = \nu$ とおけば

$$\overrightarrow{OE} = \lambda\overrightarrow{OA} + \mu'\overrightarrow{OD}$$
$$= \lambda\overrightarrow{OA} + \mu'(\mu''\overrightarrow{OB} + \nu'\overrightarrow{OC})$$
$$= \lambda\overrightarrow{OA} + \mu'\mu''\overrightarrow{OB} + \mu'\nu'\overrightarrow{OC}$$
$$= \lambda\overrightarrow{OA} + \mu\overrightarrow{OB} + \nu\overrightarrow{OC}$$

で,かつ

$$\lambda + \mu + \nu = \lambda + \mu'\mu'' + \mu'\nu' = \lambda + \mu'(\mu'' + \nu')$$
$$= \lambda + \mu' = 1, \quad \lambda > 0,\ \mu > 0,\ \nu > 0.$$

ゆえに,点 E は △ABC の内部にある.したがって,開線分 AD は △ABC の内部にある. ∎

§6. 等長変換

 本節では,「等長変換」なるものについて述べる.クライン (F. Klein, 1849-1925) は,ユークリッド幾何学を「図形の性質のうち,等長変換によって不変なものを研究する学問」と特徴づけた.これは,まことにすぐれた見識であって,この見地からユークリッド幾何学を整理していけば,まことに雑然とした定理の累積としか見えないユークリッド幾何学にも,相当の程度の秩序をあたえることができるのである.

1°. 等長変換

定義 1. E から E への写像 t は,次の条件を満たすとき,(E の)**等長変換**であるといわれる:

 (1) t は全単射である.すなわち 1 対 1 の対応である.
 (2) t は 2 点間の距離を変えない.すなわち,

$$t(\mathrm{P}) = \mathrm{P}', \quad t(\mathrm{Q}) = \mathrm{Q}'$$

ならば

$$d(\mathrm{P}, \mathrm{Q}) = d(\mathrm{P}', \mathrm{Q}')$$

である.

例1. ベクトル $\vec{a}$ を1つ固定し,各点Pに

$$\overrightarrow{PP'} = \vec{a}$$

なる点 P' を対応させる写像を,$\vec{a}$ に対応する**平行移動**といい,

$$[\vec{a}]$$

で表わす(図6.1).

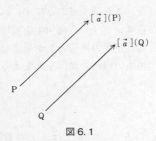

図 6.1

平行移動はすべて等長変換である.次に,これをたしかめよう.

いま,$\vec{a}$ を任意のベクトルとし,平行移動 $[\vec{a}]$ を考える.

まず,$[\vec{a}]$ が全単射であることはほとんどあきらかである.

また,

$$[\vec{a}](P) = P', \quad [\vec{a}](Q) = Q'$$

とすれば,$\overrightarrow{PP'}=\vec{a}$,$\overrightarrow{QQ'}=\vec{a}$ であるから,

$$\overrightarrow{P'Q'} = \overrightarrow{P'P} + \overrightarrow{PQ} + \overrightarrow{QQ'} = \overrightarrow{PQ} + (\overrightarrow{QQ'} - \overrightarrow{PP'})$$
$$= \overrightarrow{PQ} + (\vec{a} - \vec{a}) = \overrightarrow{PQ}.$$

よって,

$$\|\overrightarrow{PQ}\| = \|\overrightarrow{P'Q'}\|.$$

したがって

$$d(P, Q) = d(P', Q').$$

注意 1. 零ベクトル $\vec{0}$ に対応する平行移動 $[\vec{0}]$ は,あきらかに恒等写像である.これを**恒等変換**といい表わす.

例 2. l を直線とし,P を l 上にない任意の点とする.いま,P を通って l に垂直な直線 m を引き,それと l との交点を H とおく.そして,m 上に

$$\overrightarrow{PH} = \overrightarrow{HP'}$$

なる点 P' をとる.この点 P' を,l に関する P の**対称点**という(図 6.2).l 上の点 P に対しては,P 自身を l に関する P の対称点とよぶ.

平面上の各点 P に対し,それの l に関する対称点 P' を対応させる写像を,直線 l を軸とする**対称変換**といい,

$$[l]$$

と書く.

対称変換は等長変換である.これをたしかめよう.

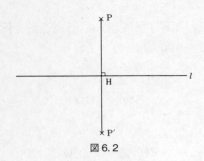

図 6.2

いま、l を任意の直線とし、対称変換 $[l]$ を考える.

まず、$[l]$ が全単射であることはほとんどあきらかである.

また、l 上にない 2 点 P, Q に対して

$$[l](P) = P', \quad [l](Q) = Q'$$

とし、線分 PP', QQ' と l との交点をそれぞれ H, K とすれば（図 6.3）,

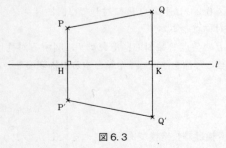

図 6.3

$$\overrightarrow{PQ} = \overrightarrow{PH}+\overrightarrow{HK}+\overrightarrow{KQ},$$
$$\overrightarrow{P'Q'} = \overrightarrow{P'H}+\overrightarrow{HK}+\overrightarrow{KQ'}.$$

ここで,$\overrightarrow{PH}=\vec{a}$,$\overrightarrow{KQ}=\vec{b}$ とおけば,$\overrightarrow{P'H}=-\vec{a}$,$\overrightarrow{KQ'}=-\vec{b}$ であるから,

$$\overrightarrow{PQ} = \overrightarrow{HK}+(\vec{a}+\vec{b}), \quad \overrightarrow{P'Q'} = \overrightarrow{HK}-(\vec{a}+\vec{b}).$$

しかるに,

$$\overrightarrow{HK} \perp \pm(\vec{a}+\vec{b})$$

であるから,

$$\|\overrightarrow{PQ}\|^2 = \|\overrightarrow{HK}\|^2+\|\vec{a}+\vec{b}\|^2,$$
$$\|\overrightarrow{P'Q'}\|^2 = \|\overrightarrow{HK}\|^2+\|\vec{a}+\vec{b}\|^2.$$

したがって

$$\|\overrightarrow{PQ}\| = \|\overrightarrow{P'Q'}\|.$$

ゆえに

$$d(P,Q) = d(P',Q').$$

P, Q の一方あるいは両方が l 上にある場合の証明はもっと簡単である.

定義 2. 線分 AB 上の点 C は

$$d(A,C) = d(C,B)$$

を満たすとき,線分 AB の **中点** であるといわれる(図 6.4).

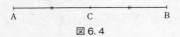

図6.4

注意2. 線分 AB の中点は1つあってただ1つに限ることがわかる(それはもちろん,$\overrightarrow{AC} = \frac{1}{2}\overrightarrow{AB}$ なる点Cである).

定義3. 線分 AB の中点 C を通って直線 AB に垂直な直線 l を,線分 AB の **垂直2等分線** という(図6.5).

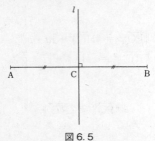

図6.5

注意3. 対称変換 $[l]$ によって,l 上にない点 P が点 P′ に移るための必要十分条件は,l が線分 PP′ の垂直2等分線であることである.

定理1. 点 A が2点 P, P′ から等距離にあるための必要十分条件は,A が線分 PP′ の垂直2等分線上にあることである.

[証明] 必要なこと:点 A が2点 P, P′ から等距離にあ

るとし,線分 PP′ の垂直 2 等分線 l 上にないとする(図6.6).P, P′ は l に関して反対側にあるから,開線分 AP, AP′ のどちらか一方は l と交わる.

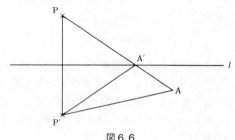

図 6.6

いま,AP が l と交わるとし,その交点を A′ としよう.すると,対称変換 $[l]$ によって,A′ は A′ に移り,P は P′ に移るから,

$$d(A', P) = d(A', P').$$

他方,△AA′P′ において,

$$\begin{aligned}d(A, P') &< d(A, A') + d(A', P') \\ &= d(A, A') + d(A', P) \\ &= d(A, P).\end{aligned}$$

しかし,これは矛盾である.AP′ が l と交わるとしても同様.よって,A は l の上にある.

十分なこと:A が線分 PP′ の垂直 2 等分線上にあれば,$[l]$ によって,A は A に,P は P′ に移る.よって,

$$d(\mathrm{A},\mathrm{P}) = d(\mathrm{A},\mathrm{P}').\quad\blacksquare$$

定義4. 一般に，集合 M から M 自身への写像 f に対して，M の元 a が

$$f(a) = a$$

を満たすならば，a を f の**不動点**という．

例3. 平行移動 $[\vec{a}]$ には，$\vec{a}=\vec{0}$ でない限り不動点はない．$[\vec{0}]$ では，すべての点がその不動点である．また，対称変換 $[l]$ では，l 上のすべての点がその不動点で，それ以外に不動点はない．

定理2. 等長変換 t の逆写像 t^{-1} はまた等長変換である．

問1. これを証明せよ．

定義5. t^{-1} を t の**逆変換**という．

例4. 平行移動 $[\vec{a}]$ の逆変換は平行移動 $[-\vec{a}]$ である．また，対称変換 $[l]$ の逆変換は $[l]$ 自身である．

定理3. 等長変換 s, t の合成写像 $s\circ t$ はまた等長変換である．

問2. これを証明せよ．

定義6. $s\circ t$ を s と t の**合成変換**という．

例5. 平行移動 $[\vec{a}]$ と平行移動 $[\vec{b}]$ との合成変換 $[\vec{a}]\circ[\vec{b}]$ は平行移動 $[\vec{a}+\vec{b}]$ である．

定理4. 等長変換は，開線分を開線分に移す．

［証明］ 点 C が開線分 AB 上にあれば（図6.7）

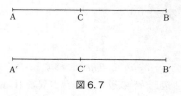

図 6.7

$$d(A, B) = d(A, C) + d(C, B).$$

ここで, t を等長変換とし,

$$t(A) = A', \quad t(B) = B', \quad t(C) = C'$$

とおけば, t は距離を変えないから

$$d(A', B') = d(A', C') + d(C', B').$$

したがって, C' は開線分 $A'B'$ 上にある.

逆に, 開線分 $A'B'$ 上の点 D' の原像 D が開線分 AB 上にあることは定理 2 よりあきらかであろう. ∎

定理 5. 等長変換は, 線分を線分に, 開半直線を開半直線に, 半直線を半直線に, 直線を直線に, 開半平面を開半平面に, そして半平面を半平面に移す.

問 3. これを証明せよ.

定理 6. $hk = \{h, k\}$ を O を頂点とする 2 辺形, t を等長変換とすれば, 集合 $\{t(h), t(k)\}$ は $t(O)$ を頂点とする 2 辺形である.

[証明] あきらか. ∎

定義 7. 定理 6 における 2 辺形 $\{t(h), t(k)\}$ を 2 辺形

hk の t による像といい,

$$t(hk)$$

と書く.また,t は hk を $t(hk)$ に移すともいう.

定理 7. 2辺形 hk の辺 h, k の台が異なれば,その等長変換 t による像

$$t(hk) = h'k'$$

の辺 h', k' の台も異なる.

問 4. これを証明せよ.

定理 8. 2辺形 hk の辺 h, k が一致すれば,hk の等長変換による像 $h'k'$ の辺 h', k' も一致し,$h \cup k$ が1直線をなせば,$h' \cup k'$ も1直線をなす.

[証明] あきらか. ∎

定理 9. 角 $hk=(hk,$ 角 hk の内部) の2つの成分の等長変換 t による像の組

$$(t(hk), t(角\ hk\ の内部))$$

は1つの角をつくる.そして角 hk が零角,凸角,平角,凹角あるいは周角のどれであっても,後者はそれと同種の角である.

問 5. これを証明せよ.

定義 8. 定理9における角 $(t(hk), t(角\ hk\ の内部))$ を角 hk の像といって,

§6. 等長変換

$$t(\text{角 } hk)$$

と書く．また，t は角 hk を $t(\text{角 } hk)$ に移すともいう．

定理 10. $\angle hk$ が直角ならば，その等長変換 t による像もまた直角である．

[証明] いま，h を半直線 OA, k を半直線 OB とし，それらの t による像をそれぞれ O'A', O'B' とする．

そうすれば，$\angle$AOB が直角ということから，ピタゴラスの定理により，

$$d(O, A)^2 + d(O, B)^2 = d(A, B)^2.$$

ところが，t は距離を変えないから，

$$d(O', A')^2 + d(O', B')^2 = d(A', B')^2.$$

よって，$\angle$A'O'B' も直角である． ∎

定理 11. 角の余弦は等長変換によって変わらない．

[証明] 角 AOB の辺 OA, OB 上に

$$\|\overrightarrow{OC}\| = \|\overrightarrow{OD}\| = 1$$

なる点 C, D をとる．そうすれば，

$$\begin{aligned}\|\overrightarrow{CD}\|^2 &= \|\overrightarrow{CO} + \overrightarrow{OD}\|^2 \\ &= \|\overrightarrow{OC}\|^2 - 2(\overrightarrow{OC}, \overrightarrow{OD}) + \|\overrightarrow{OD}\|^2.\end{aligned} \quad (1)$$

ここで，O, A, B, C, D の等長変換 t による像をそれぞれ O', A', B', C', D' とおけば，t は距離を変えないから

$$\|\overrightarrow{C'D'}\|^2 = \|\overrightarrow{OC'}\|^2 - 2(\overrightarrow{OC},\overrightarrow{OD}) + \|\overrightarrow{O'D'}\|^2.$$

しかるに，(1) の計算と同様にして

$$\|\overrightarrow{C'D'}\|^2 = \|\overrightarrow{O'C'}\|^2 - 2(\overrightarrow{O'C'},\overrightarrow{O'D'}) + \|\overrightarrow{O'D'}\|^2.$$

よって，

$$(\overrightarrow{OC},\overrightarrow{OD}) = (\overrightarrow{O'C'},\overrightarrow{O'D'}).$$

したがって，

$$\cos(\text{角 AOB}) = \cos(\text{角 A'O'B'}). \quad \blacksquare$$

2°. 等長変換の基本定理

定理 12. 1 直線上にない 3 つの不動点をもつ等長変換は恒等変換である．

[証明] t を，1 直線上にない 3 つの不動点 A, B, C をもつ等長変換とする．t がもし恒等変換でないならば，

$$t(P) \neq P$$

なる点 P が存在する．

いま，$P' = t(P)$ とおけば，

$$t(A) = A, \quad t(B) = B, \quad t(C) = C$$

であるから，

$$d(\mathrm{A},\mathrm{P}) = d(\mathrm{A},\mathrm{P}'),$$
$$d(\mathrm{B},\mathrm{P}) = d(\mathrm{B},\mathrm{P}'),$$
$$d(\mathrm{C},\mathrm{P}) = d(\mathrm{C},\mathrm{P}').$$

ゆえに,定理1により,A, B, C は線分 PP′ の垂直 2 等分線上にある.しかし,これは,A, B, C が 1 直線上にないことに矛盾する.

よって,t は恒等変換である. ∎

定理 13. 線分 AB, CD の長さが等しければ,AB を CD に移す等長変換が存在する.

[証明] $\vec{a} = \overrightarrow{\mathrm{AC}}$ とおき,平行移動 $[\vec{a}]$ によって線分 AB を線分 CE に移す(図 6.8).

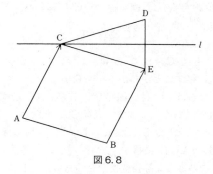

図 6.8

もし,CE=CD ならば,それで証明はおわりである.

そうでなければ,線分 DE の垂直 2 等分線 l を軸とする対称変換 $[l]$ によって,CE は CD に移る.よって,合成変

換

$$[l] \circ [\vec{a}]$$

によって，線分 AB は CD に移る．∎

定理 14. ∠AOB, ∠A′O′B′ が直角ならば，前者を後者に移す等長変換がただ 1 つ存在する．

[証明]

$$\|\overrightarrow{OA}\| = \|\overrightarrow{OB}\| = \|\overrightarrow{O'A'}\| = \|\overrightarrow{O'B'}\| = 1$$

と仮定しても一般性を失わない．

前定理により，線分 OA を線分 O′A′ に移す等長変換 t が存在する．t は直角を直角に移すから，t によって，線分 OB は，直線 O′A′ と垂直な線分 O′C′ に移され，

$$\|\overrightarrow{O'C'}\| = 1$$

である．もし C′=B′ ならば，これで，t が ∠AOB を ∠A′O′B′ に移すことがわかる（図 6.9）．

C′≠B′ ならば，C′ は直線 O′B′ 上にあって，O′ に関して B′ と反対側にある．よって，直線 O′A′ を軸とする対称変換 s によって，C′ は B′ に移る．よって，合成写像 $s \circ t$ は，∠AOB を ∠A′O′B′ に移す．

さて，このような等長変換が 2 つあったとしよう．それらを r_1, r_2 とすれば，変換

$$r_1^{-1} \circ r_2$$

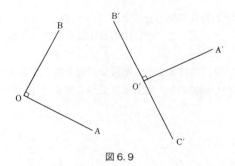

図 6.9

は ∠AOB を ∠AOB に移す. つまり, 1 直線上にない 3 つの不動点 A, B, O をもつ. よって, $r_1^{-1} \circ r_2$ は恒等変換でなくてはならない. したがって,

$$r_1 = r_2$$

である. ∎

定理 15（等長変換の基本定理）. $OA, O'A'$ をそれぞれ O, O' を端点とする半直線, $\overline{H}, \overline{H}'$ をそれぞれ $OA, O'A'$ の台をへりとする半平面とすれば, O を O' に移し, 半直線 OA を半直線 $O'A'$ に移し, かつ半平面 $\overline{H}$ を半平面 $\overline{H}'$ に移す等長変換がただ 1 つ存在する.

問 6. これを証明せよ.

注意 4. 等長変換は, 恒等変換であるか, さもなければ, 3 つ以下の対称変換の合成であることが知られている.

平行移動は 2 つの平行な直線を軸とする 2 つの対称変換の合成であり, 逆も成り立つ. また, 交わる 2 つの直線に

よる2つの対称変換の合成は俗にいう回転であり,逆も成り立つ.しかし,ここではその説明は省略することにしよう.

問 7. 平行移動は2つの平行な直線を軸とする2つの対称変換の合成であり,逆も成り立つことをたしかめよ.

§7. 角の大きさについての公理群

ここでは,角の大きさについて論ずる.はじめに,角の大きさについての公理群を掲げ,それからいろいろの性質を導いていくことにしよう.

1°. 角の大きさについての公理群

公理1. 各角 hk には,負でない実数が1つずつ対応する.これを,角 hk の**大きさ**といい

$$\overline{\text{角 } hk}$$

と書く.

注意1. 誤解のおそれのない場合には,$\overline{\text{角 } hk}$ あるいは $\overline{\text{角 AOB}}$ のことを単に

$$\text{角 } hk, \quad \text{角 AOB}$$

と書く.

公理2. $\overline{\text{角 } hk} = 0 \iff h = k$.

公理3. 角 hk の内部と角 kl の内部とが共通点をもたず,両者がともに角 hl の内部に含まれるならば,

$$\overline{\text{角 } hl} = \overline{\text{角 } hk} + \overline{\text{角 } kl}.$$

注意 2. 半直線 OA を 1 辺とし,他の 1 辺が直線 OA の同じ側にある 2 つの凸角を考える.それらを ∠AOB,∠AOC としよう.このとき,もしこれらが等しくないならば,次の 2 つの場合が考えられる:

(1) 点 A と B が直線 OC の同じ側にある場合(図 7.1).

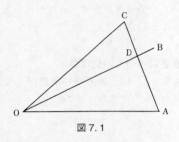

図 7.1

(2) 点 A と B が直線 OC の反対側にある場合(図 7.2).

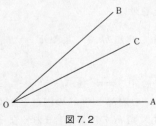

図 7.2

(1) の場合には次のことがいえる:点 B は ∠AOC の内部にある.よって,開線分 AC と開半直線 OB とは 1 点で

交わる．その交点を D とすれば，∠AOC 内の，半直線 OB 上にないどの点 X に対しても，開半直線 OX は開線分 AD と交わるか，DC と交わるかいずれかである．これは，

$$\overline{\angle AOC} = \overline{\angle AOB} + \overline{\angle BOC}$$

を推論するに十分である．

(2) の場合には次のことがいえる：点 C は ∠AOB の内部にある．よって，上と同じ理由により，

$$\overline{\angle AOB} = \overline{\angle AOC} + \overline{\angle COB}$$

がえられる．

以上のことから，このような 2 つの角（∠AOB と ∠AOC）の大きさは決して等しくないことも知られる．

公理 4. 等長変換による角 hk の像を角 $h'k'$ とすれば

$$\overline{\text{角 } hk} = \overline{\text{角 } h'k'}.$$

定理 1. 平角はすべて等しい大きさをもつ．

［証明］ 平角 AOB と平角 A'O'B' とを考える（図 7.3）．等長変換の基本定理によって，点 O を O' に移し，半直線 OB を O'B' に移し，平角 AOB の内部である開半平面を，平角 A'O'B' の内部である開半平面に移す等長変換 t が（ただ 1 つ）存在する．よって，

$$t(\text{平角 AOB}) = \text{平角 A'O'B'}.$$

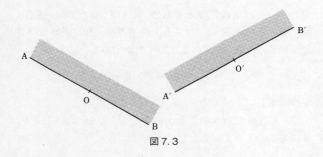

図7.3

ゆえに

$$\overline{\text{平角 AOB}} = \overline{\text{平角 A'O'B'}}. \qquad \blacksquare$$

定義1. 平角の大きさを π で表わす.

注意3. ここでは, π の具体的な値は必要ではない. ある正の定数だというだけで十分である.

定理2. 周角の大きさは, 2π に等しい.

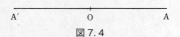

図7.4

[証明] 周角 AOA の辺 OA の台を A'OA とすれば(図7.4), 半直線 OA, OA' を2辺とし, 直線 A'OA をへりとする開半平面を内部とする2つの平角がえられる. あきらかに, それらの内部は共通点をもたず, しかも, いずれもあたえられた周角の内部に含まれる.

よって, 周角 AOA の大きさは, それら2つの平角の大

きさの和に等しい．ゆえに，周角の大きさは 2π である．∎

定義 2. ∠AOB と ∠AOC とは，点 B, O, C が 1 直線上にあり，かつ B と C とが O に関して反対側にあるとき，互いに他の**補角**であるといわれる．

定理 3. ∠AOB と ∠AOC とが互いに他の補角であれば，

$$\overline{\angle \text{AOB}} + \overline{\angle \text{AOC}} = \pi$$

である（図7.5）．

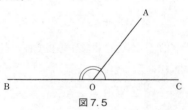

図7.5

[証明] ∠AOB と ∠AOC の内部は，直線 OA に関して反対側にあるから，互いに共通点をもたない．また，それら 2 つの内部は，直線 BOC の A のある側を内部とする平角 BOC の内部に含まれる．定理は，これよりあきらかであろう．∎

注意 4. この定理により，凸角の大きさは π より小さいことがわかる．

定理 4. 直角の大きさは $\dfrac{\pi}{2}$ に等しい．

[証明] ∠AOB が直角であるとし，辺 OB の台上に，O

に関してBと反対側に点Cをとれば、∠AOCも直角である（図7.6）．

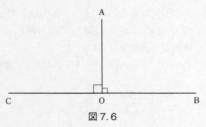

図 7.6

∠AOBと∠AOCとは互いに補角をなすから，

$$\overline{\angle \text{AOB}} + \overline{\angle \text{AOC}} = \pi.$$

他方，∠AOBを∠AOCに移す等長変換が（ただ1つ）存在するから，

$$\overline{\angle \text{AOB}} = \overline{\angle \text{AOC}}.$$

よって，

$$\overline{\angle \text{AOB}} = \frac{\pi}{2}. \quad \blacksquare$$

定理 5. ∠AOBが鋭角ならば，

$$\overline{\angle \text{AOB}} < \frac{\pi}{2}$$

であり，鈍角ならば

$$\frac{\pi}{2} < \overline{\angle \text{AOB}} < \pi$$

である．

[証明] 省略する．∎

問1. この定理を証明せよ．

定理 6. $\overline{\angle AOB} = \overline{\angle A'O'B'}$ ならば，$\angle AOB$ を $\angle A'O'B'$ に移す等長変換がただ 1 つ存在する．

[証明] （図 7.7）

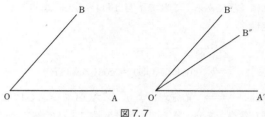

図 7.7

等長変換の基本定理により，点 O を点 O′ に移し，半直線 OA を半直線 O′A′ に移し，かつ直線 OA に関して B のある側を，直線 O′A′ に関して B′ のある側に移す等長変換がただ 1 つ存在する．これによって，半直線 OB が O′B′ に移れば証明はおわりである．

かりに，OB の像 O′B″ が O′B′ と等しくなかったとしよう．すると，注意 2 により，

$$\overline{\angle A'O'B'} = \overline{\angle A'O'B''} + \overline{\angle B''O'B'} > \overline{\angle A'O'B''}$$

であるか，または

$$\overline{\angle A'O'B''} = \overline{\angle A'O'B'} + \overline{\angle B'O'B''} > \overline{\angle A'O'B'}.$$

ところが，等長変換によって角の大きさは変わらないから

$$\overline{\angle AOB} = \overline{\angle A'O'B''}.$$

よって，上の2つの場合のいずれであっても

$$\overline{\angle AOB} \ne \overline{\angle A'O'B'}.$$

これは矛盾である．これで証明はおわった．■

定理 7.

$$\overline{\angle AOB} = \overline{\angle A'O'B'}$$
$$\iff \cos(\angle AOB) = \cos(\angle A'O'B').$$

［証明］$\Longrightarrow$：前定理により，$\angle AOB$ を $\angle A'O'B'$ に移す等長変換がある．そして，等長変換によって角の余弦は変わらないから，

$$\cos(\angle AOB) = \cos(\angle A'O'B').$$

$\Longleftarrow$：背理法を用いる．たとえば，

$$\overline{\angle AOB} > \overline{\angle A'O'B'}$$

であったとしよう．等長変換の基本定理によって，点 O を点 O′ に移し，半直線 OA を半直線 O′A′ に移し，かつ直線 OA に関して B のある側を直線 O′A′ に関して B′ のある側に移す等長変換が（ただ1つ）存在する（図7.8）．

この等長変換によって，半直線 OB が O′B″ に移ったとすれば，

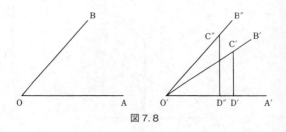

図 7.8

$$\overline{\angle A'O'B''} = \overline{\angle AOB} > \overline{\angle A'O'B'}$$

であるから,半直線 $O'B'$ は $\angle A'O'B''$ の内部を通る.

いま,半直線 $O'B'$ および半直線 $O'B''$ 上に,

$$\|\overrightarrow{O'C'}\| = \|\overrightarrow{O'C''}\| = 1$$

なる点 C', C'' をとり,C', C'' から直線 $O'A'$ におろした垂線の足を D', D'' とする(図 7.8).もし

$$\cos(\angle AOB) = \cos(\angle A'O'B')$$

ならば,当然,$D' = D''$ でなければならない(図 7.9).そうすれば,$C'', C', D'(=D'')$ は 1 直線上にあることになる.そして,$O'C'$ は $\angle A'O'C''$ の内部を通るから,C' は開線分 $C''D'$ 上にある.したがって,

$$1 = d(O', C'')^2 = d(O', D'')^2 + d(D'', C'')^2$$
$$> d(O', D')^2 + d(D', C')^2 = 1.$$

しかし,これは矛盾である. ∎

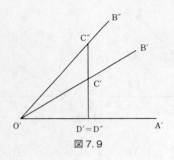

図 7.9

2°. 角の大きさの性質

ここでは,角の大きさのいくつかの重要な性質を説明する.

定義 3. 2 つの直線 AA′ と BB′ が点 C で交わっているとする.このとき,

$$\angle ACB \quad と \quad \angle A'CB',$$
$$\angle ACB' \quad と \quad \angle A'CB$$

は互いに他の**対頂角**であるという(図 7.10).

定理 8. 対頂角の大きさは相等しい.

[証明] ∠ACB と ∠BCA′,および ∠BCA′ と ∠A′CB′ は互いに他の補角であるから,

$$\overline{\angle ACB} + \overline{\angle BCA'} = \pi,$$
$$\overline{\angle BCA'} + \overline{\angle A'CB'} = \pi.$$

辺々引けば

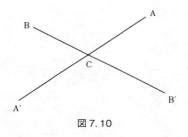

図 7.10

$$\overline{\angle \mathrm{ACB}} = \overline{\angle \mathrm{A'CB'}}.$$

同様にして,

$$\overline{\angle \mathrm{ACB'}} = \overline{\angle \mathrm{A'CB}}. \quad \blacksquare$$

定義 4. $\angle \mathrm{AOB}$ の辺 OB 上の点 $\mathrm{O'}$ を端点とする半直線 $\mathrm{O'A'}$ が直線 OB に関して半直線 OA と同じ側にあるならば,

$$\angle \mathrm{AOB} \quad と \quad \angle \mathrm{A'O'B}$$

とは互いに他の**同位角**であるといわれる(図 7.11).
 またこのとき,

$$\angle \mathrm{AOB} \quad と \quad \angle \mathrm{A'O'O}$$

とは互いに他の**同傍内角**あるいは**同側内角**といわれる.
 さらにこのとき, $\mathrm{O'}$ を端点とする半直線 $\mathrm{O'A''}$ が直線 OB に関して半直線 OA と反対側にあるならば,

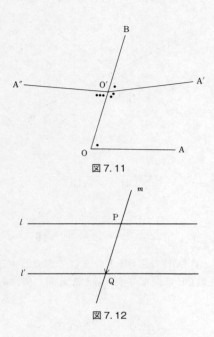

図 7.11

図 7.12

$$\angle \text{AOB} \quad と \quad \angle \text{A}''\text{O}'\text{O}$$

とは互いに他の**錯角**であるといわれる.

定理 9. 2 直線 l, l' が 1 つの直線 m と交われば,4 組の同位角,2 組の錯角,および 2 組の同傍内角ができるが(図 7.12),

$$l \,/\!/\, l'$$

§7. 角の大きさについての公理群

であるための必要十分条件は，これらに関して次の事柄のどれか1つが成り立つことである．

(1) 同位角の大きさは相等しい．
(2) 錯角の大きさは相等しい．
(3) 同傍内角の大きさの和はπである．

[証明] 必要なこと：l, l'とmとの交点をそれぞれP, Qとすれば，平行移動 $[\overrightarrow{PQ}]$ によって，lとmとによって作られるどの角もその同位角に移る．よって，同位角の大きさは相等しい．

2つの角が互いに他の錯角であれば，一方の角の対頂角は他の角の同位角である．よって，それらの大きさは相等しい．

2つの角が互いに他の同傍内角であれば，一方の角の補角の1つは他方の同位角である．よって，互いに他の同傍内角である角の大きさの和はπに等しい．

十分なこと：省略する．■

問2. 上の定理の証明を完結せしめよ．

§8. 三角形

ここでは，三角形の重要な性質について述べる．

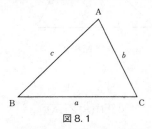

図8.1

以下，簡単のために，辺 BC, CA, AB の長さをそれぞれ a, b, c とも書くことにしよう．

1°. 三角形の角と辺

定理 1. △ABC の内角の大きさの和は π に等しい．

[証明] 直線 AB 上に，A に関して B と反対側に D をとる．また，A を通って直線 BC に平行な直線を引き，その上に直線 AB に関して C と同じ側に点 E をとる（図 8.2）．

そうすれば，∠B と ∠DAE とは同位角で，しかも

$$AE \parallel BC$$

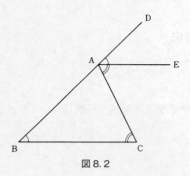

図8.2

だから

$$\overline{\angle B} = \overline{\angle DAE}.$$

また，∠C と ∠CAE とは錯角だから

$$\overline{\angle C} = \overline{\angle CAE}.$$

よって，あきらかに

$$\overline{\angle B} + \overline{\angle C} = \overline{\angle CAD}. \qquad (*)$$

したがって，

$$\overline{\angle A} + \overline{\angle B} + \overline{\angle C} = \overline{\angle A} + \overline{\angle CAD} = \overline{\text{平角}} = \pi. \quad \blacksquare$$

注意 1. 以下，$\cos(\angle A)$, $\cos(\angle B)$, $\cos(\angle C)$ をそれぞれ

$$\cos \mathrm{A}, \quad \cos \mathrm{B}, \quad \cos \mathrm{C}$$

と書く.

定義1. △ABC の内角 ∠A, ∠B, ∠C の補角は,それぞれ △ABC の A, B, C における**外角**とよばれる.

定理2. 三角形の外角の大きさは,それに隣接しない2つの内角の大きさの和に等しい.

[証明] 定理1の証明における ∠CAD は,△ABC の A における外角である.したがって,われわれの示した (*) という式は,この外角が,∠A に隣接しない2つの内角の大きさの和に等しいということを意味している.他の頂点 B, C における外角についての証明もまったく同様である. ∎

定理3(余弦定理).

$$a^2 = b^2 + c^2 - 2bc \cos \mathrm{A},$$
$$b^2 = c^2 + a^2 - 2ca \cos \mathrm{B},$$
$$c^2 = a^2 + b^2 - 2ab \cos \mathrm{C}. \qquad (\text{図 }8.3)$$

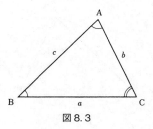

図 8.3

[証明]

$$\cos A = \left(\frac{\overrightarrow{AB}}{c}, \frac{\overrightarrow{AC}}{b}\right)$$

$$= \frac{1}{bc}(\overrightarrow{AB}, \overrightarrow{AC})$$

$$= -\frac{1}{2bc}(\|\overrightarrow{AB}-\overrightarrow{AC}\|^2 - \|\overrightarrow{AB}\|^2 - \|\overrightarrow{AC}\|^2)$$

$$= -\frac{1}{2bc}(\|\overrightarrow{CB}\|^2 - \|\overrightarrow{AB}\|^2 - \|\overrightarrow{AC}\|^2)$$

$$= -\frac{1}{2bc}(a^2 - b^2 - c^2).$$

$\therefore \quad a^2 = b^2 + c^2 - 2bc \cos A.$

他も同様である． ∎

定理 4（射影定理）．

$$b \cos A + a \cos B = c,$$
$$c \cos B + b \cos C = a,$$
$$a \cos C + c \cos A = b. \qquad (図 8.4)$$

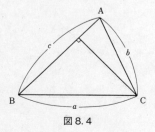

図 8.4

[証明]
$$\cos A = \left(\frac{\overrightarrow{AB}}{c}, \frac{\overrightarrow{AC}}{b}\right) = \frac{1}{bc}(\overrightarrow{AB}, \overrightarrow{AC}),$$
$$\cos B = \left(\frac{\overrightarrow{BA}}{c}, \frac{\overrightarrow{BC}}{a}\right) = \frac{1}{ca}(-\overrightarrow{AB}, \overrightarrow{AC}-\overrightarrow{AB})$$
$$= \frac{1}{ca}(\overrightarrow{AB}, \overrightarrow{AB}-\overrightarrow{AC}).$$

ゆえに,

$$bc\cos A + ca\cos B = (\overrightarrow{AB}, \overrightarrow{AC}+\overrightarrow{AB}-\overrightarrow{AC})$$
$$= (\overrightarrow{AB}, \overrightarrow{AB}) = c^2.$$
$$\therefore \quad b\cos A + a\cos B = c.$$

他も同様である． ∎

定義 2. 角 AOB に対して，

$$\sin(\text{角 AOB}) = \begin{cases} \sqrt{1-(\cos(\text{角 AOB}))^2}, \\ \qquad (\text{角 AOB} \leq \pi \text{ のとき}) \\ -\sqrt{1-(\cos(\text{角 AOB}))^2}, \\ \qquad (\text{角 AOB} \geq \pi \text{ のとき}) \end{cases}$$

とおき，角 AOB の**正弦**とよぶ．△ABC の内角の場合には，余弦と同様，$\sin(\angle A)$, $\sin(\angle B)$, $\sin(\angle C)$ のかわりに

$$\sin A, \quad \sin B, \quad \sin C$$

と書く．

定理 5. $\angle \mathrm{AOB}$ と $\angle \mathrm{A'OB}$ とが互いに他の補角ならば (図8.5)

$$\cos(\angle \mathrm{AOB}) = -\cos(\angle \mathrm{A'OB}),$$
$$\sin(\angle \mathrm{AOB}) = \sin(\angle \mathrm{A'OB}).$$

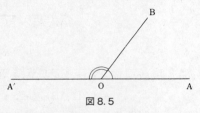

図 8.5

問 1. この定理を証明せよ.

注意 2.

$$\overline{\angle \mathrm{AOB}} = \overline{\angle \mathrm{A'OB}}$$
$$\implies \sin(\angle \mathrm{AOB}) = \sin(\angle \mathrm{A'OB})$$

はあきらかであるが, 上の定理5により, 逆は成り立たないことがわかる.

注意 3. $(\cos(\text{角 AOB}))^2, (\sin(\text{角 AOB}))^2$ はそれぞれ

$$\cos^2(\text{角 AOB}), \quad \sin^2(\text{角 AOB})$$

と書かれることが多い.

定理 6(正弦定理).

$$\frac{\sin \mathrm{A}}{a} = \frac{\sin \mathrm{B}}{b} = \frac{\sin \mathrm{C}}{c}.$$

[証明]

$$\begin{aligned}
\sin^2 A &= 1 - \cos^2 A \\
&= (1-\cos A)(1+\cos A) \\
&= \frac{2bc - 2bc\cos A}{2bc} \cdot \frac{2bc + 2bc\cos A}{2bc} \\
&= \frac{a^2 - (b-c)^2}{2bc} \cdot \frac{(b+c)^2 - a^2}{2bc} \\
&= \frac{(a-b+c)(a+b-c)(-a+b+c)(a+b+c)}{4b^2c^2}. (*)
\end{aligned}$$

この分子を R^2 $(R>0)$ とおけば

$$(*) = \frac{R^2}{4b^2c^2}.$$

$$\therefore \quad R = 2bc\sin A.$$

同様にして

$$R = 2ca\sin B,$$
$$R = 2ab\sin C.$$

定理は,これらよりただちにえられる. ∎

定理 7(正弦の加法定理).

$$\sin A = \sin B \cos C + \cos B \sin C,$$
$$\sin B = \sin C \cos A + \cos C \sin A,$$
$$\sin C = \sin A \cos B + \cos A \sin B.$$

[証明] 射影定理により

$$a = c \cos B + b \cos C.$$
$$\therefore \quad a \sin A = c \sin A \cos B + b \sin A \cos C.$$

しかるに,正弦定理により

$$c \sin A = a \sin C,$$
$$b \sin A = a \sin B.$$
$$\therefore \quad a \sin A = a \sin C \cos B + a \sin B \cos C.$$
$$\therefore \quad \sin A = \sin B \cos C + \cos B \sin C.$$

他も同様である. ∎

注意 4. 図 8.6 において,直線 AB 上に A に関して B と反対側に B′ をとれば,定理 2 により

$$\overline{\angle CAB'} = \overline{\angle B} + \overline{\angle C}.$$

また,定理 5 から

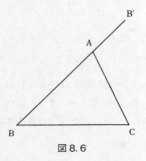

図 8.6

§8. 三角形

$$\sin A = \sin(\angle CAB').$$

よって，上の定理は，一種の加法定理を述べているといえるわけである．

定理8（余弦の加法定理）．

$$\cos A = \sin B \sin C - \cos B \cos C,$$
$$\cos B = \sin C \sin A - \cos C \cos A,$$
$$\cos C = \sin A \sin B - \cos A \cos B.$$

［証明］　直線 AB 上に，A に関して B の反対側に D をとり，

$$\|\overrightarrow{AD}\| = 1$$

とする（図 8.7）．

また，A から直線 BC に平行な直線を引き，その上に，

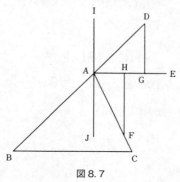

図 8.7

直線 AB に関して C と同じ側に点 E をとり，

$$\|\overrightarrow{AE}\| = 1$$

とする．

さらに，半直線 AC 上に

$$\|\overrightarrow{AF}\| = 1$$

なる点 F をとる．

今度は，A を通って AE に垂直な直線 IAJ を引き（I が直線 AE に関して D と同じ側に来るようにする），さらに，点 D, F から直線 AE に垂線をおろして，その足をそれぞれ G, H とする．

このとき，

$$\|\overrightarrow{DG}\| = \sqrt{1-\|\overrightarrow{AG}\|^2} = \sqrt{1-\cos^2(\angle DAE)}$$
$$= \sin(\angle DAE).$$

同様にして

$$\|\overrightarrow{FH}\| = \sin(\angle FAE).$$

ところで，∠DAI と ∠ADG は互いに他の錯角だから

$$\cos(\angle DAI) = \cos(\angle ADG)$$
$$= \left(\overrightarrow{DA}, \frac{\overrightarrow{DG}}{\|\overrightarrow{DG}\|}\right)$$

$$= \frac{1}{\sin(\angle \mathrm{DAE})}(\overrightarrow{\mathrm{DA}}, \overrightarrow{\mathrm{DA}} + \overrightarrow{\mathrm{AG}})$$

$$= \frac{1}{\sin(\angle \mathrm{DAE})}\{(\overrightarrow{\mathrm{DA}}, \overrightarrow{\mathrm{DA}}) + (\overrightarrow{\mathrm{DA}}, \overrightarrow{\mathrm{AG}})\}$$

$$= \frac{1}{\sin(\angle \mathrm{DAE})}\{1 + (\overrightarrow{\mathrm{DA}}, \cos(\angle \mathrm{DAE})\overrightarrow{\mathrm{AE}})\}$$

$$= \frac{1}{\sin(\angle \mathrm{DAE})}\{1 - \cos(\angle \mathrm{DAE})\cos(\angle \mathrm{DAE})\}$$

$$= \frac{\sin^2(\angle \mathrm{DAE})}{\sin(\angle \mathrm{DAE})}$$

$$= \sin(\angle \mathrm{DAE}).$$

他方,

$$\cos(\angle \mathrm{DAJ}) = \left(\overrightarrow{\mathrm{AD}}, \frac{\overrightarrow{\mathrm{HF}}}{\|\overrightarrow{\mathrm{HF}}\|}\right)$$

$$= \frac{1}{\sin(\angle \mathrm{FAE})}(\overrightarrow{\mathrm{AD}}, \overrightarrow{\mathrm{HA}} + \overrightarrow{\mathrm{AF}})$$

$$= \frac{1}{\sin(\angle \mathrm{FAE})}\{(\overrightarrow{\mathrm{AD}}, \overrightarrow{\mathrm{HA}}) + (\overrightarrow{\mathrm{AD}}, \overrightarrow{\mathrm{AF}})\}$$

$$= \frac{1}{\sin(\angle \mathrm{FAE})}\{-(\overrightarrow{\mathrm{AD}}, \cos(\angle \mathrm{CAE})\overrightarrow{\mathrm{AE}}) + \cos(\angle \mathrm{CAD})\}$$

$$= \frac{1}{\sin(\angle \mathrm{FAE})}\{\cos(\angle \mathrm{CAD}) - \cos(\angle \mathrm{CAE})\cos(\angle \mathrm{DAE})\}.$$

しかるに, ∠DAI と ∠DAJ とは互いに他の補角だから,

$$\cos(\angle DAI) + \cos(\angle DAJ) = 0. \tag{1}$$

同様にして,

$$\cos A + \cos(\angle CAD) = 0. \tag{2}$$

(1) より

$$\sin(\angle DAE) + \frac{1}{\sin(\angle FAE)}\{\cos(\angle CAD) \\ -\cos(\angle CAE)\cos(\angle DAE)\} \\ = 0. \tag{$*$}$$

しかるに, (2) より

$$\cos(\angle CAD) = -\cos A.$$

また, $\angle DAE$ と $\angle B$ は互いに他の同位角, $\angle FAE(=\angle CAE)$ と $\angle C$ は互いに他の錯角だから,

$$\cos(\angle DAE) = \cos B, \quad \sin(\angle DAE) = \sin B,$$
$$\cos(\angle CAE) = \cos C, \quad \sin(\angle FAE) = \sin C.$$

ゆえに, ($*$) より

$$\sin B + \frac{1}{\sin C}(-\cos A - \cos C \cos B) = 0.$$

これより

$$\cos A = \sin B \sin C - \cos B \cos C.$$

他も同様である. ∎

2°. 合同定理

定義 3. △ABC と △A′B′C′ とは, A, B, C をそれぞれ A′, B′, C′ に移す等長変換があるとき**合同**であるといい,

$$\triangle ABC \equiv \triangle A'B'C'$$

と書く.

定理 9. △ABC≡△A′B′C′ であるための必要十分条件は (図 8.8 参照),

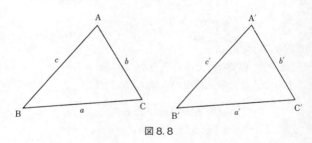

図 8.8

$$a = a', \quad b = b', \quad c = c',$$
$$\overline{\angle A} = \overline{\angle A'}, \quad \overline{\angle B} = \overline{\angle B'}, \quad \overline{\angle C} = \overline{\angle C'}$$

であることである.

[証明] 必要なこと：あきらか.

十分なこと：等長変換の基本定理によって, 点 A を点 A′ に, 半直線 AB を半直線 A′B′ に, 直線 AB に関して C

のある側を，直線 A′B′ に関して C′ のある側に移す等長変換 t がただ 1 つ存在する．この t によって当然辺 AB は A′B′ に重なり，かつ

$$\overline{\angle \mathrm{A}} = \overline{\angle \mathrm{A}'}, \qquad \overline{\angle \mathrm{B}} = \overline{\angle \mathrm{B}'}$$

であるから，半直線 AC は A′C′ に，半直線 BC は半直線 B′C′ に重なる．このとき C が C′ に重なることはあきらかであろう．■

定理 10（3 辺の合同定理）．△ABC≡△A′B′C′ であるための必要十分条件は

$$a = a', \quad b = b', \quad c = c'$$

であることである．

［証明］　必要なこと：あきらか．

十分なこと：余弦定理により

$$a^2 = b^2 + c^2 - 2bc \cos \mathrm{A},$$
$$a'^2 = b'^2 + c'^2 - 2b'c' \cos \mathrm{A}'.$$

これより，

$$\cos \mathrm{A} = \cos \mathrm{A}'.$$

よって

$$\overline{\angle \mathrm{A}} = \overline{\angle \mathrm{A}'}.$$

他の角についても同様である．■

定理 11(2 辺夾角の合同定理). $\triangle ABC \equiv \triangle A'B'C'$ であるための必要十分条件は

$$a = a', \quad b = b', \quad \overline{\angle C} = \overline{\angle C'}$$

であることである.

[証明] 必要なこと:あきらか.

十分なこと:余弦定理により

$$c^2 = a^2 + b^2 - 2ab \cos C,$$
$$c'^2 = a'^2 + b'^2 - 2a'b' \cos C'.$$

しかるに,$\overline{\angle C} = \overline{\angle C'}$ より

$$\cos C = \cos C'.$$

よって

$$c = c'.$$

したがって,定理 10 により

$$\triangle ABC \equiv \triangle A'B'C'. \quad \blacksquare$$

定理 12(2 角夾辺の合同定理). $\triangle ABC \equiv \triangle A'B'C'$ であるための必要十分条件は

$$\overline{\angle B} = \overline{\angle B'}, \quad \overline{\angle C} = \overline{\angle C'}, \quad a = a'$$

であることである.

[証明] 必要なこと:あきらか.

十分なこと：

$$\overline{\angle A} + \overline{\angle B} + \overline{\angle C} = \pi, \quad \overline{\angle A'} + \overline{\angle B'} + \overline{\angle C'} = \pi,$$
$$\overline{\angle B} = \overline{\angle B'}, \quad \overline{\angle C} = \overline{\angle C'}$$

であるから,

$$\overline{\angle A} = \overline{\angle A'}.$$

他方

$$a = a'.$$

ところで, 正弦定理により

$$\frac{\sin A}{a} = \frac{\sin B}{b} = \frac{\sin C}{c},$$
$$\frac{\sin A'}{a'} = \frac{\sin B'}{b'} = \frac{\sin C'}{c'}.$$

よって

$$b = b', \quad c = c'.$$

したがって

$$\triangle ABC \equiv \triangle A'B'C'. \quad \blacksquare$$

問 2. $\angle A, \angle A'$ が直角であるような三角形 ABC, A'B'C' が合同であるための必要十分条件は,

$$a = a', \quad \overline{\angle B} = \overline{\angle B'}$$

であることである(図8.9). これを証明せよ(斜辺1角の合同定理).

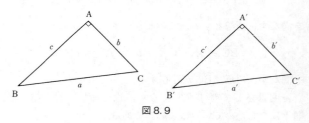

図8.9

問3. ∠A, ∠A′ が直角であるような三角形ABC, A′B′C′ が合同であるための必要十分条件は,

$$a = a', \quad b = b'$$

であることである. これを証明せよ(斜辺1辺の合同定理).

3°. 三角形の存在

△ABC の2辺の長さの和は第3辺よりも大きい:

$$a+b > c, \quad b+c > a, \quad c+a > b.$$

では, このような3つの不等式を満たす正の数 a, b, c があたえられたとき, これらを3辺の長さとする三角形は存在するであろうか.

実は, 存在するのである. すなわち, 次の定理が成立する:

定理 13. a, b, c を

$$a+b > c, \quad b+c > a, \quad c+a > b$$

を満たす正の数とする．このとき，

$$\overline{BC} = a, \quad \overline{CA} = b, \quad \overline{AB} = c$$

を満たす三角形 ABC が存在する．

証明はさしてむずかしくない．次の命題 (1)～(3) を順々にたしかめていけばよいのである．

簡単のために，$a \geq b \geq c$ と仮定しておく（これによって一般性が失われることはない）．

(1) 条件を満たす $\triangle ABC$ があったとすれば，頂点 A から直線 BC におろした垂線の足 H は開線分 BC 上にある（ヒント：もしそうでないとすると，ピタゴラスの定理により，$a \geq b$, $a \geq c$ と矛盾する）．

(2) 図 8.10 の x, y を，ピタゴラスの定理を用いて形式的に求めると次のようになる：

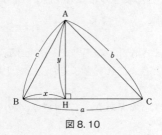

図 8.10

§8. 三角形

$$x = \frac{a^2-b^2+c^2}{2a}$$
$$y = \sqrt{c^2-\left(\frac{a^2-b^2+c^2}{2a}\right)^2}$$

そして，x の右辺が正であることは $a \geqq b$ から，また，y の右辺の根号の中が正であることは，因数分解した上で，$a \geqq b$, $a+b>c$, $b+c>a$ を用いればわかる．

(3) この x, y を用いて作図すれば，求める三角形がえられる．

問 4. 定理 13 を証明せよ．

問 5. $b \geqq c$ なる 3 つの数 a, b, c が

$$a+b>c, \quad b+c>a, \quad c+a>b$$

を満たすための必要十分条件は，それらが

$$b+c>a>b-c$$

を満たすことである．これを証明せよ．

問 6. $\overline{AB}=\overline{BC}=\overline{CA}$ を満たす三角形 ABC を **正三角形** という．どのような正の数 a に対しても，$\overline{AB}=a$ であるような正三角形が存在することを示せ．

§9. 円

ここでは，円を定義し，そのもっとも重要な性質である「円周角の定理」について述べる．準備からはじめよう．

1°. 準備

定義 1. 1つの内角の大きさが直角である三角形を**直角三角形**という．△ABC が，∠A が直角であるような直角三角形のとき，BC を**斜辺**，AB, AC を**脚**という（図 9.1）．

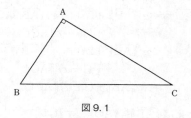

図 9.1

定理 1. 直角三角形の斜辺はどの脚よりも長い．

［証明］ △ABC を，∠A が直角であるような直角三角形とすれば，ピタゴラスの定理により，

$$\overline{BC}^2 = \overline{AB}^2 + \overline{AC}^2.$$

定理は，これよりあきらかであろう． ∎

定理 2. △ABC の辺 BC 上の B, C 以外の点を D とすれば,

$$\overline{AD} < \mathrm{Max}\{\overline{AB}, \overline{AC}\}.$$

[証明] D が開線分 BC 上の点であることから,

$$\overrightarrow{AD} = \alpha\overrightarrow{AB} + (1-\alpha)\overrightarrow{AC}, \quad 0 < \alpha < 1$$

なる α が存在する.

よって,

$$\|\overrightarrow{AD}\| = \|\alpha\overrightarrow{AB} + (1-\alpha)\overrightarrow{AC}\|.$$

平方すれば

$$\begin{aligned}
\|\overrightarrow{AD}\|^2 &= \alpha^2\|\overrightarrow{AB}\|^2 + 2\alpha(1-\alpha)(\overrightarrow{AB}, \overrightarrow{AC}) \\
&\quad + (1-\alpha)^2\|\overrightarrow{AC}\|^2 \\
&< \alpha^2\|\overrightarrow{AB}\|^2 + 2\alpha(1-\alpha)\|\overrightarrow{AB}\|\|\overrightarrow{AC}\| \\
&\quad + (1-\alpha)^2\|\overrightarrow{AC}\|^2 \\
&= (\alpha\|\overrightarrow{AB}\| + (1-\alpha)\|\overrightarrow{AC}\|)^2. \qquad (*)
\end{aligned}$$

いま,たとえば $\|\overrightarrow{AB}\| \geqq \|\overrightarrow{AC}\|$ とすれば

$$(*) \leqq \|\overrightarrow{AB}\|^2.$$

$$\therefore \quad \overline{AD} < \overline{AB} = \mathrm{Max}\{\overline{AB}, \overline{AC}\}.$$

$\|\overrightarrow{AC}\| > \|\overrightarrow{AB}\|$ のときも同様である. ∎

定理 3. いかなる ∠ABC に対しても,その頂点を通り,その内部を通る半直線 BD を引いて

$$\angle\text{ABD} = \angle\text{CBD}$$

ならしめることができる（図 9.2）.

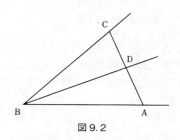

図 9.2

[証明] $\overline{\text{BA}} = \overline{\text{BC}} = 1$ であるとしても一般性を失わない.

いま，線分 AC の中点を D とし，半直線 BD を引く．これは開線分 AC と交わるから，∠ABC の内部にある.

△ABD と △CBD において，

$$\overline{\text{BA}} = \overline{\text{BC}}(=1), \quad \overline{\text{AD}} = \overline{\text{CD}}, \quad \overline{\text{BD}} = \overline{\text{BD}}.$$

よって，

$$\triangle\text{ABD} \equiv \triangle\text{CBD}.$$

これより，

$$\angle\text{ABD} = \angle\text{CBD}$$

であることがわかる．■

定義 2. 定理 3 におけるような半直線 BD を ∠ABC の **2 等分線**という．

$$\overline{\angle ABD} + \overline{\angle CBD} = \overline{\angle ABC},$$
$$\overline{\angle ABD} = \overline{\angle CBD}$$

だから，そのようにいうのである．もちろん，どのような凸角についても，2 等分線はただ 1 つしかない．

定義 3. 2 辺の長さの等しい三角形を **2 等辺三角形**という．△ABC が，

$$\overline{AB} = \overline{AC}$$

であるような 2 等辺三角形のとき，A を**頂点**，BC を**底辺**，∠B と ∠C とを**底角**という（図 9.3）．

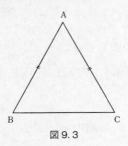

図 9.3

定理 4. △ABC が，

$$\overline{AB} = \overline{AC}$$

であるような 2 等辺三角形であるための必要十分条件は，

両底角 ∠B, ∠C の大きさが等しいことである.

[証明] 必要なこと：△ABC と △ACB において（図 9.3)

$$\overline{AB} = \overline{AC}, \quad \overline{AC} = \overline{AB}, \quad \overline{BC} = \overline{CB}.$$

ゆえに，3 辺の合同定理によって

$$\triangle ABC \equiv \triangle ACB.$$
$$\therefore \quad \overline{\angle B} = \overline{\angle C}.$$

十分なこと：∠A の 2 等分線と開線分 BC との交点を D とする.

△ABD と △ACD において（図 9.4），

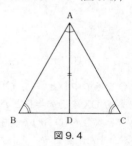

図 9.4

$$\overline{\angle BAD} = \overline{\angle CAD}, \quad \overline{\angle B} = \overline{\angle C}$$

であって，かつ

$$\overline{\angle \mathrm{BAD}} + \overline{\angle \mathrm{B}} + \overline{\angle \mathrm{ADB}} = \pi,$$

$$\overline{\angle \mathrm{CAD}} + \overline{\angle \mathrm{C}} + \overline{\angle \mathrm{ADC}} = \pi$$

であるから

$$\overline{\angle \mathrm{ADB}} = \overline{\angle \mathrm{ADC}}.$$

ゆえに，二角夾辺の合同定理によって

$$\triangle \mathrm{ABD} \equiv \triangle \mathrm{ACD}.$$
$$\therefore \quad \mathrm{AB} = \mathrm{AC}. \quad \blacksquare$$

定義 4. 点 O および正の数 r に対し，集合

$$\{X \mid \overline{\mathrm{OX}} = r\}$$

を

$$C(\mathrm{O}\,;\,r)$$

と書く．そして，O をその**中心**といい，$C(\mathrm{O}\,;\,r)$ に属する各点 X に対して，線分 OX をその**半径**という（図 9.5）．これらの用語を用いて，集合 $C(\mathrm{O}\,;\,r)$ を，中心 O，半径（の長さ）r の**円**とよぶ．また，集合

$$\{X \mid \overline{\mathrm{OX}} < r\}, \quad \{X \mid \overline{\mathrm{OX}} > r\}$$

をそれぞれ円 $C(\mathrm{O}\,;\,r)$ の**内部**，**外部**という．

定理 5. 円 $C(\mathrm{O}\,;\,r)$ の中心 O から直線 l におろした垂線の長さを R とすれば，次のことがらが成り立つ（図

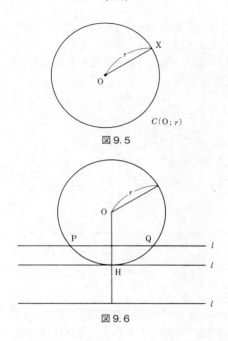

図9.5

図9.6

9.6):

(1) $r<R$ のとき：l と $C(O;r)$ は共通点をもたない．そして，l は $C(O;r)$ の外部にある．

(2) $r=R$ のとき：l と $C(O;r)$ は，O から l におろした垂線の足 H のみを共有する．そして，l 上の H 以外の点はすべて $C(O;r)$ の外部にある．

(3) $r>R$ のとき：l と $C(O;r)$ とは 2 点 P, Q を共有

する.そして,開線分PQは$C(O;r)$の内部にあり,l
−(線分PQ)は$C(O;r)$の外部にある.

[証明] (1):Oからlにおろした垂線の足をHとすれば(図9.7),

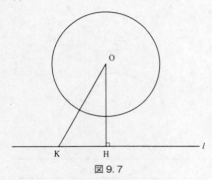

図9.7

$$\overline{OH} = R > r$$

であるから,Hは$C(O;r)$の外部にある.そして,l上のH以外の任意の点をKとすれば,△OKHは∠Hが直角である直角三角形だから,

$$\overline{OK} > \overline{OH} > r.$$

よって,Kも$C(O;r)$の外部にある.

(2):Oからlにおろした垂線の足をHとすれば(図9.8),

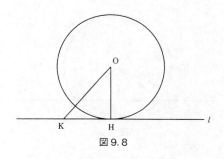

図9.8

$$\overline{OH} = r$$

であるから，H は $C(O;r)$ 上にある．

l 上の H 以外の任意の点を K とすれば，△OKH は ∠H が直角である直角三角形であるから

$$\overline{OK} > \overline{OH} = r.$$

よって，K は $C(O;r)$ の外部にある．したがって，l は $C(O;r)$ と H のみを共有し，l 上の H 以外の点はすべて $C(O;r)$ の外部にある．

(3)：O から l におろした垂線の足を H とし，

$$k = \sqrt{r^2 - \overline{OH}^2} = \sqrt{r^2 - R^2}$$

とおく（図9.9）．直線 l 上の H の両側に

$$\overline{PH} = \overline{HQ} = k$$

なる点 P, Q をとれば，

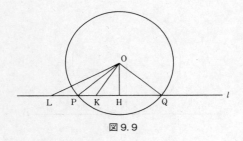

図9.9

$$\overline{OP}^2 = \overline{OH}^2 + \overline{HP}^2 = R^2 + (r^2 - R^2) = r^2$$

であるから,

$$\overline{OP} = r.$$

同様にして

$$\overline{OQ} = r.$$

よって, 2点P, Qは円$C(O; r)$上にある.

開線分PQ上の任意の点をKとすれば, △PQOにおいて

$$\overline{OK} < \text{Max}\{\overline{OP}, \overline{OQ}\} = r.$$

よって, Kは$C(O; r)$の内部にある. よって, 開線分PQは$C(O; r)$の内部にある.

次に, $l - (線分PQ)$の任意の点をLとすれば, Lは, Pに関してQと反対側にあるか, Qに関してPと反対側に

あるかいずれかである.どちらでも同様だから,いま,Lは,Pに関してQと反対側にあるものとしよう.すると,LはPに関してHとも反対側にあるから,

$$\overline{LH} = \overline{LP} + \overline{PH} > \overline{PH}.$$

よって,

$$\overline{OL}^2 = \overline{OH}^2 + \overline{HL}^2 > \overline{OH}^2 + \overline{PH}^2 = \overline{OP}^2 = r^2.$$

したがって

$$\overline{OL} > r.$$

これは,Lが$C(O;r)$の外部にあることを示している.よって,$l-$(線分PQ)は$C(O;r)$の外部にある.∎

定義 5. 直線lが円$C(O;r)$と1点Hのみを共有するとき,lは円$C(O;r)$にHで**接する**といい,lを$C(O;r)$のHにおける**接線**,Hをlと$C(O;r)$との**接点**という.

定義 6. 直線lが円$C(O;r)$と2点P,Qを共有するとき,lを$C(O;r)$の**割線**という.また(開)線分PQを円$C(O;r)$の**(開)弦**とよぶ.

定義 7. 円$C(O;r)$の(開)弦PQが中心Oを通るとき,これを$C(O;r)$の**(開)直径**という(図9.10).

定義 8. 直径PQの台をへりとする(開)半平面と$C(O;r)$との共通部分を$C(O;r)$の**(開)半円PQ**という.(開)半円は2つあるが,それらは互いに**共役**であるといわれる.

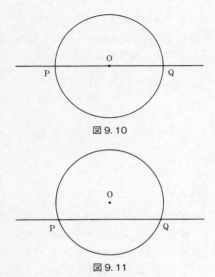

図9.10

図9.11

定義 9. 円 $C(O;r)$ の直径でない弦を PQ とする（図9.11）．このとき，PQ の台をへりとする（開）半平面のうち，O を含むものと $C(O;r)$ との共通部分を**（開）優弧**PQ，PQ の台をへりとする（開）半平面のうち，O を含まないものと $C(O;r)$ との共通部分を**（開）劣弧**PQ という．(開)優弧 PQ と (開)劣弧 PQ とは互いに共役であるといわれる．

定義 10. 半円，優弧，劣弧を合わせて**弧**という．また，開半円，開優弧，開劣弧を合わせて**開弧**という．

2°. 円周角と中心角

定義 11. 開弧 PQ と共役な開弧の上の点を R とするとき，∠PRQ を，弧 PQ に対する**円周角**という．また，弧 PQ を，その円周角に対する弧とよぶ（図 9.12）．

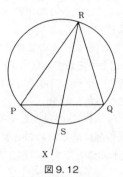

図 9.12

定理 6. 弧 PQ に対する円周角 PRQ の頂点 R を端点とし，∠PRQ の内部にある半直線 RX は開弧 PQ と交わる．逆に，R を端点とし，開弧 PQ と交わる半直線は ∠PRQ の内部にある．

［証明］ RX を，∠PRQ の内部にある半直線とする．RX は開弦 PQ と交わるから，円の内部の点を含む．よって，それは円 $C(O;r)$ ともう 1 点 S を共有する．この S は，直線 PQ に関して R と反対側にあるから，開弧 PQ 上にある．

逆に，RX を開弧 PQ と S で交わる半直線とする．R と S は直線 PQ に関して反対側にあるから，開線分 RS は直

線 PQ と交わる．しかも，開線分 RS は円 $C(O;r)$ の内側にあるから，開線分 RS と直線 PQ との交点，すなわち，半直線 RX と直線 PQ との交点は開線分 PQ 上にある．よって，RX は ∠PRQ の内部にある．■

注意 1. 弧 PQ に対応する円周角の内部と $C(O;r)$ との共通部分は開弧 PQ である．

定義 12. P, Q を $C(O;r)$ 上の 2 点とする．このとき，半直線 OP, OQ を辺とする角を $C(O;r)$ の**中心角**という．そして，それが凸角，平角，凹角であるに応じて，**凸中心角**，**平中心角**，**凹中心角**という．

定理 7. 凸中心角 ∠POQ の頂点 O を端点とする半直線 OX が，∠POQ の内部にあるための必要十分条件は，OX が開劣弧 PQ と交わることである（図 9.13）．

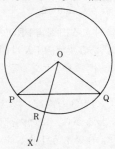

図 9.13

［証明］　半直線 OX が ∠POQ の内部にあるための必要十分条件は，それが開線分 PQ と交わることである．

いま，OX が開線分 PQ と交わるとしよう．

任意の点 R が半直線 OX 上にあるための必要十分条件は

$$\overrightarrow{OR} = \lambda \overrightarrow{OX}, \quad \lambda > 0$$

なる数 λ があることである.

ところで, $\lambda = \dfrac{r}{OX}$ とおけば

$$\overline{OR} = r.$$

これは, R が $C(O;r)$ 上にあるということである. つまり, 半直線 OX は必ず $C(O;r)$ と交わる. しかも, その交点 R は直線 PQ に関して O と反対側にある. これは, R が開劣弧 PQ 上にあるということに他ならない.

逆に, 半直線 OX が開劣弧 PQ と交われば, OX が開線分 PQ と交わることはあきらかである. ∎

注意 2. 凸中心角 POQ の内部 D と $C(O;r)$ との共通部分は開劣弧 PQ である. これより, 凹中心角 POQ の内部 E と $C(O;r)$ との共通部分は開優弧 PQ であることがわかる. 平中心角 POQ の内部 F と $C(O;r)$ との共通部分が, 開半平面 F に含まれる開半円であることはあきらかであろう.

定義 13. 弧 PQ に対応する円周角 PRQ に対して, 開弧 PQ を内部に含む中心角 POQ を, **円周角 PRQ に対応する中心角** という (図 9.14 参照).

定理 8 (円周角の定理). 円周角 PRQ に対応する中心角 POQ は, 前者の 2 倍の大きさをもつ.

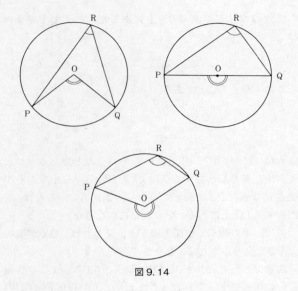

図 9.14

[証明] （ⅰ）円周角 PRQ に対応する弧 PQ が劣弧の場合．

（イ）O が ∠PRQ の内部にある場合（図 9.15）．

半直線 RO と弧 PQ との交点を S とすれば

$$\overline{\angle PRS} + \overline{\angle SRQ} = \overline{\angle PRQ}.$$

ところで，半直線 OS は対応する中心角 POQ の内部にある．よって，

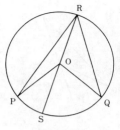

図 9.15

$$\overline{\angle POQ} = \overline{\angle POS} + \overline{\angle SOQ}.$$

他方, △OPR は2等辺三角形だから

$$\overline{\angle P} = \overline{\angle PRS}.$$

そして,

$$\overline{\angle POS} = \overline{\angle P} + \overline{\angle PRS} = 2\overline{\angle PRS}.$$

同様にして

$$\overline{\angle SOQ} = 2\overline{\angle QRS}.$$

よって,

$$\overline{\angle POQ} = 2(\overline{\angle PRS} + \overline{\angle QRS}) = 2\overline{\angle PRQ}.$$

(ロ) O が ∠PRQ の辺上にある場合(図 9.16).
△OPR は2等辺三角形だから

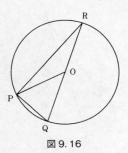

図 9.16

$$\angle \mathrm{OPR} = \angle \mathrm{R}.$$

よって,

$$\angle \mathrm{POQ} = \angle \mathrm{OPR} + \angle \mathrm{R} = 2\angle \mathrm{R}.$$

(ハ) O が ∠PRQ の外部にある場合（図 9.17）．

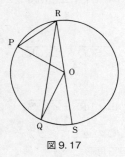

図 9.17

角の内部の定義から，O は，直線 RQ に関して P と反対

側にあるか，直線 RP に関して Q と反対側にあるかいずれかである．どちらでも同じであるから，O は直線 RQ に関して P と反対側にあるものとしよう．

△ORQ は 2 等辺三角形であるから

$$\overline{\angle ORQ} = \overline{\angle OQR}.$$

半直線 RO と開優弧 PQ との交点を S とすれば，

$$\overline{\angle QOS} = \overline{\angle ORQ} + \overline{\angle OQR}.$$

よって，

$$\overline{\angle QOS} = 2\overline{\angle ORQ} = 2\overline{\angle SRQ}.$$

また，△ORP は 2 等辺三角形であるから

$$\overline{\angle PRS} = \overline{\angle RPO}.$$

他方，

$$\overline{\angle POS} = \overline{\angle PRS} + \overline{\angle RPO}$$

であるから

$$\overline{\angle POS} = 2\overline{\angle PRS}.$$

ところで，P と O とは直線 RQ に関して反対側にあるから，半直線 RQ は ∠PRS の内部にある．よって，劣弧 PS は円周角 PRS に対応する弧である．これより，円周角 PRS に対応する中心角は凸角 POS であること，および半

直線 OQ がこの中心角 POS の内部にあることがわかる．

以上により，

$$\overline{\angle POQ} = \overline{\angle POS} - \overline{\angle QOS}$$
$$= 2(\overline{\angle PRS} - \overline{\angle SRQ})$$
$$= 2\overline{\angle PRQ}.$$

（ⅱ） 円周角 PRQ に対応する弧 PQ が半円の場合（図 9.18）．

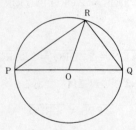

図 9.18

△OPR は 2 等辺三角形であるから

$$\overline{\angle P} = \overline{\angle PRO}. \tag{1}$$

同様にして

$$\overline{\angle Q} = \overline{\angle QRO}. \tag{2}$$

(1), (2) の辺々を加えて

$$\overline{\angle P} + \overline{\angle Q} = \overline{\angle PRO} + \overline{\angle QRO} = \overline{\angle PRQ}.$$

しかるに,

$$(\overline{\angle P} + \overline{\angle Q}) + \overline{\angle PRQ} = \pi$$

であるから

$$\overline{\angle PRQ} = \frac{\pi}{2} = \frac{1}{2}\overline{\angle POQ}.$$

(iii) 円周角 PRQ に対応する弧 PQ が優弧の場合（図 9.19）.

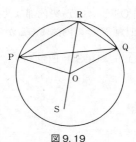

図 9.19

RO の延長上の点を S とする.

△OPR は 2 等辺三角形であるから,

$$\overline{\angle OPR} = \overline{\angle ORP}.$$

しかも,

$$\overline{\angle OPR} + \overline{\angle ORP} = \overline{\angle POS}$$

である. よって,

$$\overline{\angle POS} = 2\overline{\angle PRO}. \qquad (1)$$

同様にして

$$\overline{\angle QOS} = 2\overline{\angle QRO}. \qquad (2)$$

(1), (2) の辺々を加えて

$$\overline{\angle POS} + \overline{\angle QOS} = 2(\overline{\angle PRO} + \overline{\angle QRO}) = 2\overline{\angle PRQ}.$$

しかるに，∠POS と ∠QOS の内部は共通点をもたず，しかもそれらは凹角 POQ の内部にあるから，

$$\overline{\angle POS} + \overline{\angle QOS} = \overline{凹角\ POQ}. \qquad \blacksquare$$

§10. おわりに

1. 本書でいう「初等幾何学」とは，ユークリッドの平面幾何学のことである．

周知のように，数学の理論は，すべて「公理的に構成」される．すなわち，いくつかの公理から成る公理系を出発点として，純粋に演繹的に，かつ体系的に展開される．その意味からすれば，この初等幾何学はもっとも古い数学の理論の1つといわなければならない．それが完成の域に達した時期は，遠くギリシア時代にまでさかのぼる．実際，上記のユークリッドは，その著『原論』(300 B.C. ごろ) において，この理論全体を，簡潔にかつ美しく公理的に構成しているのである．その意味で，彼はこの理論の完成者であるといってよいであろう．彼は，その他に，『原論』の中で，当時の数論，量の比例論，無理量の理論，それに立体幾何学などをも公理的に構成している．しかしそれらは，テーマの身近さやわかりやすさという点で初等幾何学に少なからず劣るところがあった．後世，『原論』の初等幾何学に関する部分のみが広く読まれ，『原論』とは初等幾何学に関する書物である，という困った誤解までが生まれて流布されるに至ったのはそのためである．

ユークリッドによる初等幾何学のこの記述は，後世の文

化に強い影響をあたえた．たとえば，かのパスカルは，このような記述形式，すなわち何らかの公理系から演繹的・体系的に議論を展開する記述形式をとることこそ，「真理を所有しているときに，それを証明するためのもっともよい方法」である，と言っている．またデカルトは次のように述べている：

「幾何学者たちが彼らのもっとも困難な証明に到達するために用いるのをつねとする，まったく単純な容易なもろもろの推理の，あの長い連鎖は，私に次のようなことを考える機縁をあたえた．すなわち，人間の認識の範囲に入りうるすべての事物は，同様な仕方で互いにつながっているのであって，それらの事物のうち，真ならぬいかなるものも真として受け入れることなく，かつそれら事物のあるものを他のものから演繹するに必要な順序をつねに守りさえするならば，いかに遠くへだたったものにでも結局は達しうるのであり，いかに隠されたものでも結局は発見しうるのである，ということ．（野田又夫氏訳）」

こうして，いかなる理論も公理的に構成されることが理想である，というよりは必要である，という考えが一般的となって行った．

ところで，のちに次のような思想が成立する：

数学の理論の公理系にあらわれる基本的な用語は無内容なもの，すなわち無定義なものと考えられるべきである．そして，どのような理論であれ，それを公理的に構成するということは，その理論の基礎となる諸法則にあらわれる

基本的な用語の意味を捨象して，それらの諸法則を公理と考え，その理論を「数学の理論」として構成することと同義である．

この思想は「公理主義」とよばれる．その成立のきっかけは，いわゆる「非ユークリッド幾何学」の出現など，初等幾何学をめぐるいろいろの出来事なのであるが，今はそれにはふれないでおく．しかし，この思想が数学の概念とそれの他科学への「応用」ということの意味とを極めて明確にするとともに，数学の範囲を格段に広くするものであったことはあきらかであろう．

しかし，この思想が「初等幾何学」をめぐる出来事から生まれたものであるということは，いくら強調しても強調しすぎることはない．その意味で，初等幾何学は現代数学の母なのである．

さて，このようなわけで，初等幾何学は現代数学における「重要文化財」であるが，決して過去の「遺物」ではない．それはもはや，その進歩をほとんど停止してしまったとはいえ，それを勉強することは楽しく，しかも他の理論への応用場面も極めて多い．したがって，それは依然として「生きた」数学の理論なのである．

この理論を勉強することが楽しい理由の1つは，ここで，論理と直観とがあざやかな相補性を発揮することであろう．もちろん，数学のどの理論においても，論理と直観とは互いに他を補い合う．数学の研究者は，外部からはどのように形式的と思われる概念に対しても，実に明確な直

観をもっている．数学の理論の対象が，他の諸科学のそれとはことなり，抽象的・形式的にしか提示されないものであるだけに，このことは特筆すべきことであろう．しかしながら，論理と直観とのこの相補性が，初等幾何学におけるほど「目に見える」ようにあきらかな数学の理論は他にはないのである．これは，初等幾何学が極めて「考えやすい」理論であることを意味するであろう．

初等幾何学を勉強することが楽しいもう1つの理由は，そこでは種々様々な推論を試みることが出来，考えることのよろこびを十二分に味わうことが出来るということである．たとえば，ちょっとした補助線を引くだけで，予想もしなかった美しい事実が明らかになる，――これは，初等幾何学を勉強するものの味わいうる醍醐味というべきであろう．

古来，初等幾何学が，中等教育における数学のまことに貴重な教材と考えられて来たのは，おそらく次の諸点にもとづくものと思われる：

(1) それの研究対象は極めて初等的なものである．

(2) その諸概念や諸推論は形式的であると同時に，いちじるしく直観的であって，大変考えやすい．

(3) これを教材とすることによって，考えることのよろこびというものを味わわせることが出来る．と同時に，ほとんどあらゆるタイプの数学的思考の典型的な例を教えることが出来る．

(4) それは，およそ理論と名のつくものの公理的構成

のまことに見事な手本である.

2. しかしながら,残念なことに,ユークリッドのおこなった初等幾何学の公理的構成は完全なものではなかった.すなわち,彼の掲げた公理系は,初等幾何学を厳密に構成するのには不十分なものであった.たとえば,『原論』冒頭の第1命題では,「2つの円の中心が互いに他の周上にある場合には,それらの円が交わる」ことを用いているが,それは彼の公理系からは証明できないことなのである.同様のことがらは他にもかなりある.このようなことは,最初のころはわからなかったが,徐々に注意深い人達の気づくところとなり,遂に前世紀の後半に至って,その公理系の「是正」が多くの人達によって試みられるようになった.その結果として多くの「完全な公理系」がえられたが,そのうちでもっとも有名で,かつおそらくはもっとも優れていると考えられるのは,ヒルベルトがその著『Grundlagen der Geometrie(幾何学の基礎)』(1899)に掲げたものである.しかしながら,ヒルベルトはその新しい公理系にもとづいて,初等幾何学を具体的に展開しているわけではない.彼のおこなったことを極言すれば,その公理系を満たす平面の上の各点にデカルト座標 (x, y) が付随せしめられ,したがってその平面の上でデカルトの解析幾何学が展開できるということを示したにすぎないのである.もちろん,このことが示されれば,その平面の上で初等幾何学が展開できることは原理的にあきらかではある.しかし,こ

れでは，ユークリッドの公理系を「是正」する作業が完了しているとはいえない．

私は，ユークリッドの公理系を「是正」する作業は，新しい完全な公理系を工夫し，「ユークリッドの流儀にしたがって」，「初等幾何学全体」を厳密に再構成できてはじめて完了するのであると思う．

この意味からすれば，ヒルベルトのおこなったことは，単に初等幾何学全体をユークリッド流に構成しうる完全な公理系を作ったにすぎないと言うことになる．ヒルベルトの公理系以外の完全な公理系の作成者にも，これに類する人達が大変に多いのである．

その点からすれば，小平邦彦氏の著書『幾何のおもしろさ』(1985)は画期的な業績である．小平氏は，同氏が採用された公理系は教育的なもので，決して完全なものではないと盛んに強調しておられるが，それは無用の謙遜というものである．上記の著書では，証明なしで用いる基礎的なことがらを，公理と銘打つか銘打たないかは別として，ことごとく明確にしるしてある．したがって，それらをすべて公理と見なしさえすれば，その著書において，まさにユークリッドの公理系の「是正」が完了していると言ってよいのである．

このような研究者，すなわちユークリッドの公理系の「是正」に成功した研究者は，あるいは他にもあるのかも知れない．しかし，寡聞にして私はそれを知らない．

新しい完全な公理系からの初等幾何学のその他の再構成

は，私の知る限り次の2つのいずれかである．

(1) 再構成する仕方がユークリッドの流儀にしたがっていない．より具体的に言えば，それらは現代的かつ高級で，とてもユークリッド的とは言い難い．

(2) 再構成しようとするものが「初等幾何学全体」ではなく，それを「現代化」したものである．ここに「現代化した初等幾何学」というのは，自己の工夫した公理系から初等幾何学を再構成しようとする研究者が，初等幾何学のうち，「現代数学」の立場から見て不要，もしくは重要でないと考える部分を切り捨てたものをいう．

上に述べたような理由から，(1)，(2)のいずれにせよ，私は，ユークリッドの公理系の「是正」に成功したものとは言えないと思う．もちろん，それらの中には，数学的に見て，十分に，あるいは非常に意義のあるものもある．しかし，問題が，ユークリッドの公理系を完全なものにし，初等幾何学全体を「救う」ことである以上，それらは別の問題を解いたものと言うべきなのである．

なお，教育的見地から，不完全ではあるがユークリッドのそれよりも欠陥が少ないと思われる公理系がたくさん工夫され，それらからの初等幾何学の構成がなされて来ている．しかし，もちろん，これらは教育に関する問題の解答であって，ユークリッドの公理系を「是正」するという問題の解答ではないのである．

3. ところで話は変わるが，ヒルベルトの公理系を筆頭

とする新しい「完全な」公理系の多くは，ユークリッドの流儀にしたがったもの，すなわち，点，直線，角，三角形などを基本的な諸概念とする周知のタイプのものである．ユークリッドの公理系の是正という仕事が，ユークリッド流の初等幾何学を「救う」ことを目的とするものである以上，新しい公理系もまたユークリッド流のものでなければならないのは当然のことであろう．

　しかしながら，このような考え方とはあきらかに矛盾するが，別の観点からすれば，「公理系のスタイル」までをもユークリッド流にするのは，ややまずいのではないかと思われるのである．数学は，種々様々な理論が縦横につながり合い，相互に利用し合っている1つの巨大な有機体である．初等幾何学もその重要な要素である．このような観点からすると，初等幾何学の公理系がユークリッド的であることは，1つの障害となるのである．

　一般に，数学のある理論の中にあらわれるある対象が，すでに知られたある公理系によって規定された対象の具体例（モデル）である場合，そのことを示すためのもっとも自然な方法は，前者がその公理系を構成する個々の公理を満たすことを示すことであろう．

　ところで，初等幾何学の対象である「平面」の具体例は，数学のいたるところにあらわれる．ところが，それらの具体例が実際に具体例であることを示す場合，ヒルベルトの公理系やその他のユークリッド流の公理系の各公理が逐一たしかめられる，という例はまったくと言って良いほどな

§10. おわりに

い．実際におこなわれる作業はほとんど次の2つに限られる：

(1) 問題になっている具体例の候補（これは何らかの集合である）の各要素と実数の順序対 (x, y) とが1対1に対応することを示す．すなわち，その候補が座標平面と同一視できることを示す．

(2) 具体例の候補が，2次元の内積空間であることを示す．（ここに，2次元の内積空間とは，本書の§1～§3で説明する集合 E と V の組のことに他ならない．）

これは異常なことである．このような変則的なことがおこなわれる理由は他でもない．ヒルベルトの公理系その他の新興のユークリッド流の公理系に用いられている基本的な諸概念が，現代数学の主流をなす諸理論の諸概念からあまりにもかけはなれ過ぎているからである．（むろん，「点」だけは例外であるが．）

それならば，平面とは座標平面，すなわち実数の順序対全体のことだと定義するか，さもなければ平面とは2次元の内積空間のことだと定義した方がよほど自然だということになろう．座標平面や内積空間は，いずれも現代数学の中核に位置する基礎概念だからである．

だが，平面とは座標平面のことだとすれば，なるほど直線や円は（その方程式を用いて）簡単に定義できる．しかし，線分は？ 角は？ 三角形は？──となると困ってしまう．結局は，ある新しい公理系を工夫し，

(1) その公理系の対象が座標平面であること，

(2) その公理系から初等幾何がたやすく展開できること，

がすぐ知られるようにしなければならない．——だが，これは大難題である．とても解けそうにない．

　2次元の内積空間についても事情は同じだろうと推察される．

　4. ところが，すばらしいことに，後者，すなわち2次元の内積空間については，実際にそのような現代的な公理系を提示した人があるのである．それはワイルである．彼はその著『Raum, Zeit, Materie（空間・時間・物質）』(1918)において，上述のような考えにもとづく極めて簡潔な公理系を考案し採用した．よりくわしく言えば，彼は上述のような考えにもとづいて，より一般な n 次元幾何学の公理系を工夫している．ここにおける n を2とおけば，ただちに2次元幾何学の公理系，すなわち初等幾何学の公理系がえられることは言うまでもない．このことは，初等幾何学に対するユークリッド流の新興の諸公理系には見られないもう1つの利点である．それらユークリッド流の公理系の思想にもとづいて n 次元幾何学の公理系をつくろうとすれば，その結果はおそらくかなり高級なものとなるであろう．

　しかし，ワイルは，この公理系にもとづいて「ユークリッド流に」「初等幾何学全体」を構成しているわけではない．彼は，自分が展開しようとする議論に必要なことがら

のみをその公理系から引き出しているに過ぎないのである.

5. 本書は,このワイルの公理系(より正確にいえば,それに少々の修飾を加えたもの)にもとづいて,初等幾何学全体をユークリッド流に構成する方法を説明することをその目標とする.

その際,まずなすべきことは,その公理系から,初等幾何学全体をユークリッド流に展開するのに十分ないくつかの基本的なユークリッド的命題を導き出すことである.したがって,本書ではまずそれを実行する.しかし,採用した公理系がユークリッド流のものでない以上,この作業をユークリッド流に行いえないことは自明の理であるから,この点には目をつぶっていただかなくてはならない.

もちろん,私が本書で実際に導き出した命題はごく僅かではあるけれども,それらだけから,残りの部分を導き出す方法を類推したり,工夫したりしうる読者はかなり多いに違いない.私は,御本人は自覚していなくても,そのようなことの出来る読者が決して少なくはないと確信しているのである.

それゆえ,読者は,本書を読み終えたのち,同様の方法で「平行四辺形」を扱うのにはどうすればよいか,「三角形の五心」や「相似三角形」を扱うのにはどうすればよいか,等々の問題をじっくりと自分で考えてみていただきたい.

6. 私は，雑誌『数学セミナー』1981年2月号に「幾何と数学教育」という一文を寄せた．本書は，その文章を書いた際に私の頭の中にあったものの具体化である．ただし，本書を書き進める過程でかなりの改善を必要としたことはことわっておかなければならないが．

『数学セミナー』の上記の拙文をお読みになっていない読者のために，その要点を述べれば次の通りである：

1°. 現今，初等幾何学のユークリッド流の公理的構成が中等教育から姿を消しつつあるが，それは数学教育にとって決して好ましいことではない．何らかの形で是非復活させるべきである．

2°. 現在のわが国の数学教育では，ベクトルの概念が重要な柱の1つになりつつある．他方，初等幾何学の公理系は，その理論の他の分野への応用の際にも直接役立つようなものであることが望ましい；というよりはむしろそのようなものでなくてはならない．この観点からすれば，初等幾何学の公理的構成の教育にはワイルの公理系を採用するのがもっとも自然であろう．現在，私の頭の中にあるその構成方法の一端を紹介すればかくかくしかじかである．

——したがって，本書は，初等幾何学のユークリッド流の公理的構成の1つの方法を具体的に提示する，という数学的側面と，数学教育に何がしかの寄与をしたい，という教育学的側面との2つを合わせもっているのである．両方の立場からの御批判と御援助とを期待してやまない．

なお，本書の読者対象として私は，数学研究者，数学教

育者，理工系の大学生，および数学を愛好する高校生や一般人を念頭においていることをつけ加えておこう．

最後に，このささやかな書物の刊行を積極的に推進して下さった日本評論社，ならびに『数学セミナー』編集長の亀井哲治郎氏に深い感謝の意を表するものである．

1988年7月

赤　攝也

参考文献

初等幾何学の内容を知るのに役立つ文献，ならびに本書の趣旨を理解していただくのに役立つ文献を列挙しておこう．

[1] ユークリッド『原論』(中村幸四郎・寺阪英孝・伊東俊太郎・池田美恵訳・解説，共立出版，1971)

初等幾何学全体がはじめて公理的に構成された古典．二千年以上も前の書物であるにもかかわらず，古さをあまり感じさせない．その意味でも驚くべき書物である．

[2] 黒須康之介『平面立体幾何学』(培風館，1957)

初等幾何学が教科書ふうに記述されている．大変要領よく，コンパクトにまとめられた好著である．公理系は，『原論』のものと大差はない．

[3] 秋山武太郎『わかる幾何学』(春日屋伸昌改訂，日新出版，1959)

初等幾何学の詳細かつ懇切な解説書．公理系は『原論』のものと大差はない．初版は 1920 年で，初等幾何学が中等学校の数学の重要な教材であったころは，生徒によく読まれたものである．1959 年，仮名づかいや漢字，および古めかしい表現などが春日屋氏によって現代ふうに改められ，復刊された．

[4]　ヒルベルト『幾何学の基礎』(クライン『エルランゲン・プログラム』との合本，寺阪英孝・大西正男訳・解説，共立出版，1970)

「ヒルベルトの公理系」がはじめて公開された書物．この本の出版を契機として，数学はいわゆる「公理主義」をその根本思想とするようになった．

　[5]　寺阪英孝『幾何とその構造』(筑摩書房，1971)

ヒルベルトの公理系を少々修飾したものからの，初等幾何学の構成の一方法の概要が記述されている．難しい証明はとばしてあるから，すらすら読めるが，それらの証明を全部補ったとしたら，かなり高級なものとなろう．

　[6]　寺阪英孝『初等幾何学(第2版)』(岩波書店，1973)

ユークリッド流の独自の公理系から初等幾何学を構成した書物．方法は現代的かつ高級であるが，数学的に見て非常に価値のある業績である．

　[7]　ショケー『初等幾何学』(秋月康夫・公田蔵訳，岩波書店，1971)

「現代化した初等幾何学」を展開した書物．公理系はユークリッド流の完全なものである．

　[8]　ディユドネ『線形代数と初等幾何』(雨宮一郎訳，東京図書，1971)

内積空間の定義を公理系として「現代化した初等幾何学」を展開した書物．方法はまったく代数的である．

　[9]　小平邦彦『幾何のおもしろさ』(岩波書店，1985)

ヒルベルトの公理系を少々修飾したものから，初等幾何

学全体をユークリッド流に構成した書物.立派な業績である.

　[10]　ワイル『空間・時間・物質』(内山龍雄訳,講談社,1973;菅原正夫訳,東海大学出版会,1973)

「ワイルの公理系」が公開された書物.この本ではじめて「ベクトル空間」や「内積空間」が厳密に定義された.もっと注目されてよい書物である.

文庫版付記

　ご存知の読者も多いと思うが，数学では理論の公理系が矛盾してしまうことを恐れる．つまりある定理の正しいことが証明できるのに，他方，それは間違っている，ということも証明されてしまったのでは万事窮するからである．

　このようなことの起こらない公理系は「無矛盾」である，といっている．

　その点，本書のワイルの公理系については安心してよい．最も肝腎な「ベクトル」というものにはっきりしたイメージがあって，その目で各公理を読んでみれば，みな明々白々だから，議論はみな正しく，およそ矛盾する２つのことが推論できるはずがないからである．ひとことで言えば，ワイルの公理系は無矛盾である．

　しかし，数学にはたくさんの理論があるが，それらは皆無矛盾なのだろうか．

　よく知られているように，数学のどの理論も集合論の中で展開される．したがって，集合論が無矛盾でないと困るのである．考えてみよう．

　次のような考え方のことを「有限論理」*と言う．

　＊　「有限論理」はウィトゲンシュタインの思想に基づくものである．

(1) 明確なイメージをもつ用語しか使わない．（例えば，「集合」に対してはベン図（オイラー図）があり，点，直線などにも明確なイメージがある．）

(2) 明確なアナロジー，つまり「以下同様」という類(たぐい)のアナロジーは使ってよい．

以下，集合論の公理系のうち最も使われている ZFC 公理系を紹介し，有限論理で検討してみよう．

公理1（外延性） 集合 A の要素と B の要素とが全く同じならば，A と B とは等しい．（$A=B$）

公理2（空集合） 要素を持たない集合 $\emptyset$ が存在する．

公理3（対(つい)) 集合 A と集合 B だけを要素とする集合 $\{A, B\}$ が存在する．

公理4（和集合） 集合を要素とする集合 A に対して，その要素の要素を全部集めて出来る集合 $\bigcup A$ が存在する．

公理5（無限） $\emptyset$ を要素とし，かつ集合 A が要素ならば $A \cup \{A\}$ も要素であるような集合が存在する．

公理6（巾(べき)集合） どの集合 A に対しても，その部分集合を全部要素とする集合 $P(A)$ が存在する．

公理7（値域） 集合 A を定義域とする，どのような明確な写像の値域も集合となる．

公理8（基礎） $\emptyset$ でないどの集合 A にも，その要素の中に A と交わらないようなものが必ず存在する．（例えば，$A \in A$ のような A はない．）

公理9（選択） どの集合 A に対しても，その要素であ

る ∅ でない集合と一つの要素だけを共有する集合 $C(A)$ が存在する.

——以上である.

仔細に眺めると,公理1から公理7までの公理は,どれも有限論理によって正しい.みな明々白々である.

だが,よろこばしいことに,ゲーデル(K. Gödel)という数学者が,公理1から公理7までをまとめた公理系が無矛盾ならば,それに公理9をつけ加えても無矛盾であることを証明しているのである.

その証明のために,ゲーデルは「ゲーデル数」や「構成可能集合」というような考えを発明しているのだが,これは専門的なことなので,ここでは説明するのは大変難しい.読者自身が調べて下さることを期待する.また,ZFC公理系から公理8を除いたものが無矛盾ならば,その公理8をつけ加えたものも無矛盾であることが比較的簡単に証明される.

要するに,ZFC公理系は無矛盾なのである.

話は変わるが,数学者が研究しているとき,有限論理からはずれることは決してない.つねにイメージを仔細に調べながら,そのイメージを追求して行く.あたかも幾何の問題を解くとき,図形をにらみ,時々補助線を引いてみる——それと全く同じことを行うのだ.

したがって,数学は有限論理主義の学問だと言えよう.幾何が数学的思考を養うもっとも良い教材である所以であ

る.

　数学の外観を表現する**公理主義**,**構造主義**等々の思想があるが,それらは数学の理論,論文,書籍等々のあるべき形式のルール集に過ぎず,数学の本質を述べたものではない.数学の本質は**有限論理主義**なのである.

2018 年 7 月 23 日

　　　　　　　　　　　　　　　　　　　　　　　　赤　攝也

索引

ア 行

足 74
 垂線の―― 74
E 10, 32, 55, 95
V 10, 32
上にある 34, 41, 44, 48
移す（角，二辺形を）104, 105
鋭角 81
円 145, 150
 ――の（開）直径 155
円周角 157
 ――に対応する中心角 159
 ――の定理 145, 159
延長（線分の）43
凹角 70
凹中心角 158
凹部 69
大きさ
 角の―― 111
 平行移動の平行移動に対する
  ―― 21
同じ側 40, 61

カ 行

外角（三角形の）127
開弦 155
開弧 156
開線分 43
 ――の長さ 50
開直径 155
開半円 155
開半直線 41
開半平面 67
 ――のへり 67
外部 84, 150
 円の―― 150
 三角形の―― 84
開優弧 156
開劣弧 156
角 83
 ――の大きさ 111
 ――の大きさについての公理群 111
 ――の2等分線 148
割線 155
側 40, 61, 68
脚 145
逆変換 102
逆向きのベクトル 15
共役 155
距離 50
クライン 95
弦 155
弧 156
 ――に対する円周角 157
 （開）優―― 156
 （開）劣―― 156
合成変換 102
交点（2直線の）37
恒等変換 97
合同 137
 ――定理 137–141
 ――な三角形 137

公理系 9

サ 行

錯角 122
三角形 53, 83, 125
　——の外角 127
　——の外部 84
　——の角 83
　——の存在 141
　——の頂点 53
　——の内角 83
　——の内部 84
　——の辺 53
　正—— 143
　直角—— 145
　2等辺—— 148
3辺の合同定理 138
次元の公理群 55
始点（有向線分の） 48
射影定理 128
斜辺 145
　——1角の合同定理 141
　——1辺の合同定理 141
周角 72
終点（有向線分の） 48
シュワルツの不等式 27
垂線 74
垂直 27, 38, 49
　——な線型図形 49
　——な直線 38, 58, 59
　——なベクトル 27
　——2等分線 100
　2直線が—— 38
数とベクトルとの積 16
スカラー 10
　——倍 16
正弦 129
　——定理 130
　——の加法定理 131
正三角形 143
正射影 30, 74
　点の直線への—— 74
　ベクトルの—— 30
積（数とベクトルとの） 16
接する（直線が円に） 155
接線 155
接点 155
線型図形 48
線分 43
　——の長さ 50
　開—— 43
像 104
　角の—— 104
　2辺形の—— 104

タ 行

台 41, 43, 48
　(開)線分の—— 43
　線分の延長の—— 43
　(開)半直線の—— 41
　有向線分の—— 48
対称点 97
対称変換 97
対頂角 120
端点 41, 43
　(開)線分の—— 43
　(開)半直線の—— 41
中心（円の） 150
中心角 158, 159
中点 100
頂点 53, 68-72, 148
　(零, 凸, 平, 凹, 周)角の—— 70-72
　三角形の—— 53

2 等辺三角形の—— 148
2 辺形の—— 68
直線 33
　——が円に接する 155
直角 81
直径 (円の) 155
　開—— 155
直交する 38, 49
つぶれた角 73
底角 (2 等辺三角形の) 148
底辺 (2 等辺三角形の) 148
点 10
　不動—— 102
同位角 121
同側内角 121
等長変換 95
　——の基本定理 109
同傍内角 121
通る
　(開)線分が点を—— 44
　線分の延長が点を—— 44
　直線が点を—— 34
　(開)半直線が点を—— 41
　有向線分が点を—— 48
凸角 70
凸中心角 158
凸部 68
鈍角 81

ナ　行

内角 (三角形の) 83
内積 23, 24
　——の公理群 21, 25
内部 67, 70-73, 84, 150
　円の—— 150
　(零,凸,平,凹,周)角の—— 71-73

三角形の—— 84
半平面の—— 67
長さ ((開)線分, 有向線分の) 50
2 角夾辺の合同定理 139
2 点を結ぶ直線 34
2 等分線 (角の) 148
2 等辺三角形 148
2 辺夾角の合同定理 139
2 辺形 68
ノルム 25

ハ　行

π 114
半円 155
　開—— 155
半径 (円の) 150
反対側 40, 61
半直線 41
　開—— 41
　向きが反対の—— 43
半平面 67
　——の内部 67
　——のへり 67
　開—— 67
ピタゴラスの定理 28, 53
不動点 102
平角 72
平行 37, 48
　——な線型図形 48
　——な直線 37
平行移動 11, 21, 96
　——の——に対する大きさ 21
平中心角 158
平面 55
ベクトル 10, 32
　——の公理群 11, 16
　——の実数倍 16

——の集合 32
　　　——の正射影 30
　　　——の和 15
　　逆向きの—— 15
　　垂直な—— 27
　　数と——との積 16
　　零—— 15
へり（(開)半平面の）67
辺 53, 68, 71-73
　（零,凸,平,凹,周）角の—— 71-73
　三角形の—— 53
　2辺形の—— 68
補角 115

　　　　　マ　行

交わる（2直線が）37
向きが反対 43, 48
　　——の半直線 43
　　——の有向線分 48
結ぶ 34
無定義用語 9

　　　　　ヤ　行

ユークリッド幾何学 95
ユークリッド空間 32
　　——の公理群 31, 32
　　——のベクトルの集合 32
優弧 156
　開—— 156
有向線分 48
余弦 78
　　——定理 127
　　——の加法定理 133

　　　　　ラ　行

零角 71
零ベクトル 15
劣弧 156
　開—— 156

　　　　　ワ　行

和（ベクトルの）15

本書は一九八八年十月十日、日本評論社から刊行された。

ちくま学芸文庫

現代の初等幾何学

二〇一九年一月十日　第一刷発行
二〇一九年二月二十日　第二刷発行

著　者　赤　攝也（せき・せつや）
発行者　喜入冬子
発行所　株式会社　筑摩書房
　　　　東京都台東区蔵前二—五—三　〒一一一—八七五五
　　　　電話番号　〇三—五六八七—二六〇一（代表）
装幀者　安野光雅
印刷所　株式会社精興社
製本所　加藤製本株式会社

乱丁・落丁本の場合は、送料小社負担でお取り替えいたします。
本書をコピー、スキャニング等の方法により無許諾で複製する
ことは、法令に規定された場合を除いて禁止されています。請
負業者等の第三者によるデジタル化は一切認められていません
ので、ご注意ください。

© SETSUYA SEKI 2019 Printed in Japan
ISBN978-4-480-09887-9　C0141